學做

作者／程安琪

中菲印・對照

銀髮族餐點

安琪老師開課囉！
60道料理做法
搭配中、菲、印3種語言對照，
大火快炒、小火慢燉，
清蒸涼拌、燒滷烘烤……
主菜、小菜、飯粥到湯品，
教外籍朋友輕鬆學做菜。

作者序

隨著社會人口年齡的老化，台灣已經步入高齡社會，我一直以來就想寫一本以銀髮族為對象的食譜。加上自己也將進入初老的階段，對日常飲食有些心得，也想跟大家分享。基於現在許多銀髮族是由外籍幫傭在照顧，所以我就以中文、印尼文及菲律賓文寫成了這本《外傭學做銀髮族餐點》。

許多銀髮族的長者食慾比較差，因此在烹調時要注意香氣的產生，才可以引起食慾。這也是我常常提醒我的學生做菜的重點。因為大家對健康的注意，現在在做菜時都比較不會去添加味精、雞粉等一些添加物，那麼如何去使食物有香氣好吃呢？這就需要從做菜的技巧及對食材的挑選來著手，做一道菜，辛香料——蔥、薑、蒜和調味料——酒、醬油、胡椒粉、麻油都是必要的。在我們炒菜爆香時要有些耐心，要把蔥薑蒜的香氣慢慢炒出來，看到蔥蒜變焦黃、聞到了香氣，這才算完成爆香的動作，嗆酒、下醬油炒一下，都是能增加香氣，使一道菜好吃的關鍵，這也是我多年做菜的心得。

銀髮族的營養非常重要，我常和朋友說笑話，生病也要有體力才撐得下去，因此魚和肉類也是每天必須要攝取的。本書中我有幾道好咀嚼的絞肉食譜，在我以前的一本《千滋百味絞肉香》的食譜中，談過絞肉變化多又好消化，如果覺得脂肪過多的話，則可以選用低脂的，肉是可以增加力氣的。另外在我的麵飯食譜中，選擇的也是一些簡單易做，食材較豐富的主食。許多長者因為慢性病的原因，在吃的時候就有些禁忌，因為是個人因素，在本書中沒有特別建議該怎麼吃，希望讀者依照醫師的建議，選擇能吃的菜式。

我之前出版的《外傭學做家常菜》和《外傭學做中國菜》，一直受到許多讀者的喜愛，因為近年外傭來台多半是照顧長者，因此我又趁放暑假有空閒，設計出一些較適合銀髮族的菜式，出了這第三本的《外傭學做銀髮族餐點》。

因為外傭來自完全不同的飲食習慣國家，因此對中國菜是陌生的。所以這本食譜，仍以中、菲、印三種文字出版，雇主跟外傭，都能以自己孰悉的語言，學習做餐點，並可互相討論細節，做出適合家中年長者的味道。

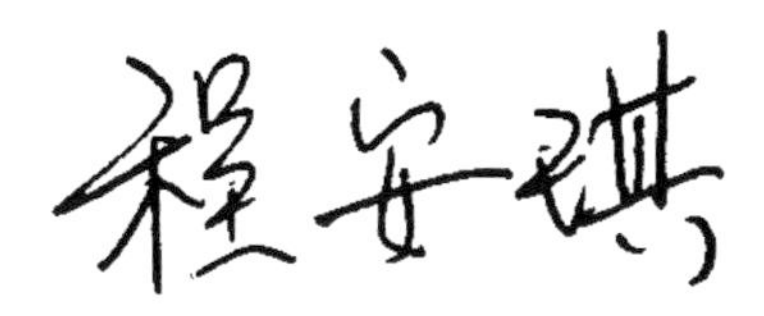

目錄
CONTENTS

第三篇 享健康！

蔬菜／Gulay／Sayur

第四篇 吃不膩！

蛋&豆腐／Itlog & Tokwa／Telor & Tahu

第5篇 飽足感！

飯&麵／Kanin & Pansit／Nasi & Mie

第6篇 最順口！

湯品／Sabaw／Sup

椰香咖哩雞

材料

去骨雞腿 2 支、洋蔥丁 1/2 杯、大蒜屑 1/2 大匙、馬鈴薯 2 個、咖哩粉 1½ 大匙、麵粉 1 大匙、椰漿 1 杯

調味料

(1) 醬油 1 大匙、太白粉 1 茶匙、水 1 大匙

(2) 鹽 1/2 茶匙、糖 1/4 茶匙、清湯或水 1 杯

做法

1. 雞腿切塊，用調味料（1）拌匀，醃 20 分鐘。
2. 馬鈴薯切滾刀塊備用。
3. 用 2 大匙油炒香洋蔥丁和大蒜屑，加入咖哩粉炒香，加入調味料（2）和椰漿攪勻，放入雞腿及馬鈴薯，煮 25 分鐘。
4. 見雞肉已入味，馬鈴薯已軟便可起鍋。

Manok kare na may gata ng niyog

• Mga sangkap

2 hita ng manok wala buto, 1/2 tasa ng tinadtad dahon ng sibuyas, 1tbsp. tinadtad na bawang, 2 patatas, 1½ tbsp. pulbos na kare, 1tbsp. harina, 1 tasang gata ng niyog

• Panimpla

(1) 1tbsp. toyo, 1tsp. harinang mais, 1tbsp. tubig
(2) 1/2 tsp. asin, 1/4 tsp. asukal, 1 tasang tubig o sabaw

• Paraan ng pagluluto

1. Hiwain ang manok na may 4-5 cm ang lapad, ibabad sa panimpla (1) ng 20 minuto,
2. Gayatin ang patatas.
3. Magpainit ng 2 tbsp. mantika para igisa ang sibuyas at bawang. Ilagay ang pulbos na kare, habang hinahalo ang kare lagyan ng asin, asukal idagdag ang tubig or sabaw ng manok at gata ng niyog. haloin mabuti. Ilagay ang patatas at manok, lutoin ng 25 minuto.
4. Kapag malambot na ang manok at patatas, lagyan ng harina para lumapot ang sabaw.

Coconut ayam curry

• Bahan

2 potong paha ayam yg tidak ada tulangnya, 1/2 gelas bawang bomboy yg sdh di potong kecil kecil, 1sdm bawang putih yg sdh di cop cop, 2 potong kentang, 1½ sdm curry bubuk, 1sdm tepung terigu, 1 gelas coconut milk

• Bumbu

(1) 1sdm kecap asin, 1sdt tepung jagung, 1sdm air
(2) 1/2 sdt garam, 1/4 sdt gula, 1 gelas air atau sup kuah

• Cara memasaknya

1. Daging ayam di potong kira kira 3 cm, kemudian masukkan bumbu (1) kemudian diaduk rata, diamkan 20 menit.
2. Kentang di potong kira kira jgn terlalu besar.
3. Wajan di kasih minyak 2 sdm, untuk mengoreng bawang bomboy dan bawang putih, tambahkan bubuk curry sampai wangi, tambahkan garam, gula, dan tambahkan sup kuah dan coconut milk. Masukkan daging ayam dam kentang masak kira kira 25 menit.
4. Jika daging ayam dan kentang sdh kelihatan masak, tambahkan tepung terigu dan aduk aduk supaya agk mengental kuahnya.

香菇蒸雞球

材料

去骨雞腿 2 支、新鮮香菇 4 ～ 5 朵、新鮮豆包 2 片、蔥 1 支，薑 2 片、蔥花 1 大匙

調味料

（1）醬油 1 大匙、鹽 1/4 茶匙、酒 1 大匙、太白粉 1 大匙、 胡椒粉少許、水 2 大匙
（2）醬油 1 茶匙、鹽 1/4 茶匙、麻油 1/2 茶匙

做法

1. 用刀在雞腿的肉面上剁些刀口，再切成約 2 公分的塊狀，放入大碗中。蔥和薑拍一下，加入調味料（1）調勻，和雞肉一起醃 15 分鐘。
2. 香菇依大小切成 2 ～ 3 小片；豆包也切小塊一點，一起拌上調味料（2），放在蒸盤上，再將雞肉放上。
3. 蒸鍋中水滾後，放入雞肉蒸至熟，約 15 ～ 20 分鐘，撒上蔥花。

Pinasingawang manok na may itim na kabute

• Mga sangkap

2 piraso hita ng manok (walang buto), 4-5 sariwang kabute, 2 pirasong tokwa sheet, 1 dahon ng sibuyas, 2 gayat na luya, 1tbsp. tinadtad na dahon ng sibuyas

• Panimpla

(1) 1 tbsp. toyo, 1/4 tsp. asin, 1 tbsp. na alak, 1 tbsp. harinang mais, kaunting paminta, 2 tbsp. tubig

(2) 1 tsp. toyo, 1/4 tsp. asin, 1/2 tsp. sesame oil

• Paraan ng pagluluto

1. Gayatin ng 2 cm pirapiraso ang laman ng hita ng manok. Dikdikin ang luya at dahon ng sibuyas, pagsamahin sa isang lalagyan o hawong pagkatpos ibabad sa panimpla (1) ng 15 minuto.
2. Gayatin ang bawat kabute ng 2-3 piraso. Hiwain ang tokwa sheet sa maliit na piraso. Paghaloin kasama ang panimpla (2) pagkahalo ilagay sa plato, at ang manok sa ibabaw.
3. Pasingawan ang manok ng 15-20 minuto hanggang maluto, budburan ng tinadtad na dahon ng sibuyas.

Jamur di kukus dengan potongan ayam

• Bahan

2 potong paha ayam yg tidak ada tulang, 4-5 jamur segar, 2 potong topao, 1 potong daun bawang, 2 iris jahe, 1 sdm irisan daun bawang

• Bumbu

(1) 1 sdm kecap asin, 1/4 sdt garam sedikit, 1 sdm arak, 1 sdm tepung jagung, mrica bubuk sedikit, 2 sdm air

(2) 1 sdt kecap asin, 1/4 sdt garam, 1/2 sdt minyak wijen

• Cara memasaknya

1. Dading ayam di cop cop sedikit, dan kemudian di potong kira kira 2 cm. Daun bawang dan jahe di geprek sebentar, kemudian tambahkan bumbu (1) di campurkan dan di diamkan selama 15 menit.
2. Jamur potong 2 atau 3 Topao potong jgn terlalu panjang, campukkan dengan bumbu (2) taruh di atas piring dan daging ayam taruh di atasnya.
3. Jika air nya sdh mendidih, kukus ayam sampai masak, kira 15-20 menit. Tambahkan 1 sdm irisan daun bawang di atasnya.

豆包蒸瓜子肉

材料

絞肉 300 公克（半斤）、豆包 3 片、醬瓜 2 ～ 3 大匙

調味料

酒 1 大匙、醬油 1 大匙、蔥屑 1 大匙、糖 1/4 茶匙、鹽 1/4 茶匙、清水 3 大匙、胡椒粉 1/6 茶匙、大蒜泥 1 茶匙、太白粉 1 大匙

做法

1. 將絞肉放入大碗內，加入全部拌肉材料，仔細攪拌至完全吸收而呈黏稠狀為止。
2. 醬瓜切碎，拌入肉餡中。
3. 取用一個深盤子，將豆包攤開，舖放盤底（盤子上先塗少許油）放上肉料拍平，上蒸鍋（或電鍋）以大火蒸熟（約 20 分鐘）。
4. 用筷子試著叉一下肉，沒有血水跑出，即是熟了。

Pinasingawang giniling na karne baboy na may tufu sheet

• Mga sangkap

300 gramo giniling na karne, 3 piraso tufu sheet, 2-3tbsp. tinadtad na binurong pipino

• Panimpla

1tbsp. alak, 1tbsp. toyo, 1/4 tsp. asukal, 1/4 tsp. asin, 3 tbsp. tubig, 1/6 tsp paminta, 1tsp. niyadyad na bawang, 1tbsp. harinang mais

• Paraan ng pagluluto

1. Ilagay ang giniling na karne sa malaking hawong, idagdag lahat ng panimpla, haloin ng mabuti.
2. Ilagay ang tinadtad na pipino, haloin mabuti.
3. Sa malaking plato ilagay ang tufu sheet ng nkabuka (punasan ng mantika ang plato), ilagay ang giniling sa ibabaw ng tufu sheet. Pasingawan ng 20 minuto sa mataas na temperatura ng apoy.
4. Gamitin ang chopstick para tingnan kung luto na ang karne, kapag wala na dugo lumalabas ibig sabihin luto na.

Topao kukus dagingcincang

• Bahan

300 gram daging cincang, 3 potong topao, 2-3 sdm ciangkwa

• Bumbu

1 sdm arak, 1 sdm kecap asin, 1 sdm irisan daun bawang, 1/4 sdt gula, 1/4 sdt garam, 3 sdm air, 1/6 sdt mrica bubuk, 1sdt bawang putih copcop, 1 sdm tepung jagung

• Cara memasaknya

1. Taruh daging cincang ke mangkok besar, tambahkan semua bumbu, dan aduk rata sampai tercampur.
2. Ciangkwa cop cop, lalu campurkan ke dalam daging cincang sampai rata.
3. Cari mangkok yg agak tinggi, supaya di kukusnya nanti airnya jgn keluar, sebelum di kukus mangkoknya kasih sedikit minyak, baru topao di buka dan ditaruh melebar, baru daging cincang taruh di atasnya. Taruh di kukusan tienko atau di wajan dan di kukus dgn api besar sampai kira kira 20 menit.
4. Pakai copstik di tusuk sebentar jika sdh tidak keluar darahnya berarti dah masak.

馬鈴薯燒肉

材料

梅花肉（加部分五花肉）600 公克（切塊）、馬鈴薯 2 個（約 500 公克）、蔥 3 支（切段）、八角 1 顆、大蒜 1 粒（輕拍裂）

調味料

酒 1/4 杯、醬油 1/3 杯、冰糖 1/2 大匙

做法

1. 鍋中燒熱 2 大匙油，放入肉塊炒至肉的外層變色，放下辛香料再同炒，淋下酒和醬油煮滾，加入水 3 杯，再煮滾後改小火，燒約 1 個小時又 10 分鐘。
2. 馬鈴薯削皮、切大塊，放入紅燒肉中，同時加糖拌勻，蓋上鍋蓋，以小火再燒約 30 分鐘。
3. 以筷子試試肉和馬鈴薯是否已夠軟。

Adobong baboy na may patatas

• Mga sangkap

600 gramo karne (pwede lagyan ng may taba), hiwain ng katamtaman pira piraso, 2 patatas (nasa 500gramo), 3 dahon ng sibuyas hiwain, 2 gayat na luya, 1 buo star anise, 1 dinikdik na bawang

• Panimpla

1/4 tasa ng alak, 1/3 tasa ng toyo, 1/2 tbsp. asukal

• Paraan ng pagluluto

1. Magpainit ng 2 tbsp. mantika, igisa ang baboy, pag nagbago ang kulay ng baboy ilagay ang star anise, luya at dahon ng sibuyas, haloin, lagyan ng alak at toyo, hayaan kumulo ng 1 minuto, lagyan ng 3 tasang tubig, hayaan kumulo muna sa mahinang apoy, lutoin ng 1 oras at 10 minuto.
2. Balatan ang patatas, hiwain ng malaking piraso, ilagay sa karne, lagyan ng asukal, takpan at lutoin ng 30 minuto sa mahinang apoy.
3. Gamitin ang chopstick para tsek kung luto na at malambot ang karne.

Kentang di masak dengan daging babi

• Bahan

600 gram daging babi (potong kotak kotak kecil), 2 potong kentang (500 gram), 3 potong daun (bawang), 2 potong jahe, 1 potong star anisa, 1 bawang putih (di geprek)

• Bumbu

1/4 gelas arak, 1/3 gelas kecap asin, 1/2 sdm gula batu

• Cara memasaknya

1. Wajan di panaskan kasih 2 sdm minyak sayur goreng daging babi sampai berubah warna, tambahkan daun bawang, jahe star anisa, bawang putih, tambahkan arak dan kecap asin juga tambahkan 3 gelas air, masak sampai mendidih, dan apinya di kecilkan, masak 1 masak 10 menit.
2. Kentang di kupas kulitnya dan di potong kira kira, dan campurkan ke dalam daging dan di tambahkan gula batu, dan di tutup, masak kira kira 30 menit.
3. Pakai copstik di tutus dagingnya apakah sdh lembek.

珍珠丸子

材料

絞豬肉 300 公克、蝦米 1 大匙、蔥 1 支、長糯米 1 杯半、豆腐衣 2 張或新鮮豆包 1 片、太白粉 1 大匙

調味料

水 2 大匙、醬油 1 大匙、鹽 1/4 茶匙、酒 1/2 大匙、蛋 1 個、太白粉 1 大匙、麻油 1 茶匙、胡椒粉 1/6 茶匙

做法

1. 絞肉再剁過，至有黏性時，放入大碗中。蝦米泡軟、摘好，切碎後加入絞肉中。蔥切成碎末也放入大碗中。
2. 絞肉中依序加入調味料，順同一方向邊加邊攪，使肉料產生黏性與彈性。放入冰箱中冰 30 分鐘。
3. 糯米洗淨，泡水 30 分鐘，瀝乾並擦乾水分，拌上太白粉，鋪放在大盤上。
4. 絞肉做成丸子形，放在糯米上，滾動丸子使丸子沾滿糯米。
5. 豆腐衣撕成碎片（或將豆包打開、切成寬條），拌上少許醬油、水和麻油，鋪放在盤中，上面放珍珠丸子。
6. 蒸鍋中水滾之後放入丸子，視丸子大小，蒸約 20 分鐘，熟後取出。

Pinasingawang karne bola bola na may kanin

• Mga sangkap

300 gramong giniling na karne baboy, 1 tbsp. hibi, 1 tangkay na dahon ng sibuyas, 1½ tasa ng malagkit na kanin, 2 piraso pinatoyong tokwa sheet o 1 piraso ng sariwang tokwa, 1 tbsp. harinang mais

• Panimpla

2 tbsp. tubig, 1tbsp. toyo, 1/4 tsp. asin, 1/2 tbsp. alak, 1 itlog, 1 tbsp. harinang mais, 1 tsp. sesame oil, 1/6 tsp. paminta

• Paraan ng pagluluto

1. Bahagyang tadtarin ang giniling hanggang lumapot at ilagay sa malaking hawong. Ibabad ang hibi ng 1 oras, tadtarin at ilagay sa hawong. Tadtarin ang dahon ng sibuyas at ilagay din sa hawong.
2. Ilgay ang panimpla sa karne, haloin mabuti hanggang lumapot. Ilagay muna sa palamigan ng 30 minuto.
3. Hugasan ang malagkit na bigas ng 30 minuto, salain at patoyoin gamit ang papel na towel, ihalo ang harinang mais, ilagay sa malaking plato.
4. Gawin bola bola ang karne, maglagay ng kanin sa plato at ilagay ang bola bola para mabalotan ng kanin.
5. Gutayin ng pira piraso ang tokwa sheet (kung gagamitin ay sariwang tokwa, hiwain ng 2cm ang lapad) haloan ng toyo, tubig at sesame oil. Ilagay sa plato at sa ibabaw ang bola bola.
6. Pasingawan ang bola bola sa kumukulong tubig ng 20 minuto, tanggalin kapag luto na.

Bola bola kukus daging babi

• Bahan

300 gram daging cincang, 1 sdm udang kering, 1 potong daun bawang, 1½ gelas beras ketan, 2 lembar kulit tofu, atau 1 potong topao, 1 sdm tepung jagung

• Bumbu

2 sdm air, 1 sdm kecap asin, 1/4 sdt garam, 1/2 sdm arak, 1 telor, 1 sdm tepung jagung, 1 sdt minyak wijen, 1/6 sdt mrica bubuk

• Cara memasaknya

1. Daging cincang di cop cop sampai lembut, kemudian taruh di mangkok. Udang kering di rendam sampai lembet kemudian taruh di mangkok. Daun bawnag juag di iris lembut taruh di mangkok.
2. Dading cincang taruh bumbu, kemudian di aduk aduk sampai lembut, kemudian taruh di kulkas, kira kira 30 menit.
3. Beras ketan di cuci lalu di rendam 30 menit, lalu di tiris kan kemudian lap kering dengan tissue dapur, kemudian taruh tepung jagung, kemudian taruh di piring.
4. Daging cincang di bikin bulat bulat, kemudian taruh di atas beras ketan, di guling guling, sampai merata.
5. Kulit tofu di sewir sewir, atau topao potong potong, kemudian taruh, air, minyak wijen, taruh di atas piring, dan bola bolanya taruh di atasnya.
6. Jika wajan sudah mendidih taruh dan di kukus, kira kira 20 menit.

炒木須肉

材料

肉絲 150 公克、水發木耳 1/2 杯、蛋 2 個、菠菜 120 公克、筍 1 支、蔥花 1 大匙

調味料

（1）醬油 1/2 大匙、太白粉 1/2 茶匙、水 1 大匙

（2）醬油 1 大匙、鹽 1/4 茶匙、水 2 大匙

做法

1. 肉絲用調味料（1）拌勻，醃上 20 分鐘左右。
2. 菠菜切成段；筍煮熟後切絲；蛋加 1/4 茶匙鹽打散後，先用少許油先炒熟。
3. 將油 4 大匙燒熱至八分熱，放下肉絲下鍋炒至變色已熟即撈出、瀝乾油。
4. 僅留下 1 大匙油，先將蔥花放入爆香，再加入筍絲、木耳絲及菠菜炒熟，再放下已炒熟之肉絲及蛋，並加入調味料（2），大火鏟拌均勻便可盛出裝盤。

Ginisang mu-shu pork

• Mga sangkap

150 gramong ginayat na karne, 1/2 tasang tenga ng daga(fungus), 2 itlog, 120 gramong spinach, 1 lutong labong, 1 tbsp. tinadtad na dahon ng sibuyas

• Panimpla

(1) 1/2 tbsp. toyo, 1/2 tsp. harinang mais, 1 tbsp. tubig
(2) 1 tbsp. toyo, 1/4 tsp. asin, 4 tbsp. tubig

• Paraan ng pagluluto

1. Paghaloin ang karne at panimpla (1), ibabad ng 20 minuto.
2. Hiwain ang spinach. Gayatin ang labong. maghalo ng itlog at lagyang 1/4 na asin, igisa sa kaunting mantika, tanggalin.
3. Magpainit ng 2 tbsp. na mantika sa 160 degree apoy. Igisa ang karne tanggalin kapag luto na.
4. Ilagay ang dahon ng sibuyas sa kawali at panandaliang haloin, idagdag ang fungus at spinach, haloin hanggang sa maluto.
5. Ilagay ang karne at itlog pati na ang panimpla (2) igisa sa malakas na apoy. Tanggalin at ilagay sa plato.

Goreng mu-shu daging babi

• Bahan

150 gram irisan daging babi, 1 gelas jamur kuping yg sdh di rendam, 2 biji telor, 120 gram sayur pocai, 1 biji rebung, 1 sdm irisan daun bawang

• Bumbu

(1) 1/2 sdm kecap asin, 1/2 sdt tepung jagung, 1 sdm air
(2) 1 sdm kecap asin, 1/4 sdt garam, 2 sdm air

• Cara memasaknya

1. Irisan daging babi di tambahkan bumbu (1) campurkan kira kira 20 menit.
2. Pocai dipotong jgn terlalu panjang. Rebung di rebus dan jika sdh meteng di potong memanjang. Telor di tambahkan 1/4 sedikit garam dan kocok, pakai minyak sdikit untuk mengoreng sampai telor masak, dan angkat.
3. Wajan di kasih 3 sdm minyak untuk mengoreng daging babi, sampai daging masak dan di angkat.
4. Kira kira ada sisa 1 sdm minyak di wajan, lalu daun bawang di goreng sampai wangi, lalu tambahkan irisan rebung, jamur kuping, sayur pocae, sampai tercampur dan goreng goreng sampai masak.
5. Taruh irisan daging babi dan telor, dan tambahkan bumbu (2) goreng dgn api besar, dan campur rata. Dan angkat di atas piring.

味噌肉絲

材料

肉絲 150 公克、筊白筍 2 支、乾木耳 1 小撮、蔥 1 支

調味料

（1）醬油 1 茶匙、水 1 ～ 2 大匙、太白粉 1 茶匙

（2）味噌 2 茶匙、水 4 大匙、味醂 1/2 大匙、麻油數滴

做法

1. 肉絲先用調味料（1）拌匀，醃 20 分鐘。下鍋炒之前再加入 1 大匙油拌匀。
2. 筊白筍切絲；乾木耳泡漲開，摘去硬蒂頭，切成絲；蔥切段。
3. 味噌、水和味醂先調匀備用。
4. 鍋中加熱 4 ～ 5 大匙的油，放下肉絲炒散開、炒熟，盛出。油倒出。
5. 僅用 1 大匙油爆香蔥段，放下筊白筍和木耳一起炒，淋下味噌醬汁，以中小火炒至筊白筍微微變軟（太乾時可以酌量加水）。
6. 加入肉絲，改大火炒匀，滴下麻油即可。

Ginisang hiniwa na baboy na may miso

• Mga sangkap

150 gramo ginayat na baboy, 2 jiao bai labong, kauntin tuyong itim na fungus, 1 dahon ng sibuyas

• Panimpla

(1) 1 tsp. toyo, 1-2 tbsp. tubig, 1 tsp. harinang mais

(2) 2 tsp. miso, 4 tbsp. tubig, 1/2 tbsp. mirin, kaunting sesame oil

• Paraan ng pagluluto

1. Ibabad ang karne sa panimpla (1) ng 20 minuto, bago igisa lagyan ng 1 tbsp. mantika para hindi magdikit dikit.
2. Hiwain ang jiao bai na labong. Ibabad sa mainit na tubig ang fungus hanggang bumuka pagkababad ay hiwain pati na ang dahon ng sibuyas ng pahaba.
3. Paghaloin mabuti ang miso, tubig at mirin.
4. Magpainit ng 4-5 tbsp. mantika at igisa ang karne, tanggalin sa kawali kapag luto na, salain para mawala ang mantika.
5. Gumamit ng 1tbsp. mantika at igisa ang dahon ng sibuyas, jiao bai labong at fungus, haloin ng panandalian. lagyan ng sarsa ng miso. igisa sa katamtamang apoy hangang ang jiao bai labong ay lumambot ng bahagya (dagdagan ng tubig kung kinakailangan).
6. Ilagay ang karne, igisa ng mabuti sa malakas na apoy, lagyan ng sesame oil, ilagay sa plato at ihain.

Miso goreng daging babi

• Bahan

150 gram irisan daging babi, 2 potong jopaesun, sedkit jamur kuping, 1 potong daun bawang

• Bumbu

(1) 1sdt kecap asin, 1-2sdm air, 1 sdt tepung jagung

(2) 2 sdt miso, 4 sdm air, 1/2 sdm mirin, sedikit minyak wijen

• Cara memasaknya

1. Daging babi di campurkan dgn bumbu (1) campurkan sampai rata dan diamkan selama 20 menit. Sebelum di goreng daging babi di kasih sedikit minyak.
2. Jopaesun di potong kecil memanjang, jamur kuping di rendam dgn air panas sampai lembek, ambil bagian kepalanya juga di potong sering memanjang. Daun bawang di potong jgn terlalu panjang.
3. Miso, air dan mirin campurkan hingga rata.
4. Panaskan wajan kasih minyak kira kira 4-5 sdm untuk mengoreng daging babi sampai matang dan angkat, minyak juga minyak jgn di ambil, sisakan minyak kira kira 1 sdm.
5. Pakai sisaan minyak tadi untuk mengoreng daun bawang, kemudian masukkan jopaesun dan jamur kuping, siramkan campuran miso, pakai api sedang untuk mengoreng jopaesun sampai lembek (jika terlalu kering bisa di tambahkan air).
6. Tarug irisan daging babi, dan harus pakai api besar campur campur sampai rata, tambahkan minyak wijen.

肉末燒粉絲

材料

粉絲 3 把、絞豬肉 120 公克（約 3 大匙）、薑屑 1/2 茶匙、蒜屑 1 茶匙、蔥花 2 大匙、芹菜末 2 大匙

調味料

醬油 1 大匙、鹽 1/2 茶匙、水 1½ 杯、麻油少許

做法

1. 粉絲用冷水泡軟後瀝乾，如太長可將其切短備用（約 6 ～ 7 公分長）。
2. 用 2 大匙油將絞肉炒散，再加入薑屑和蒜屑續炒片刻。
3. 淋下醬油、水及鹽，待煮滾後，將粉絲放下同煮（常用鏟子翻拌）。
4. 見粉絲透明、湯汁已要收乾時，撒下蔥花及芹菜末，再滴下麻油便可裝碟。

Giniling na karne baboy na may sotanghon

• Mga sangkap

3 bugkos na sotanghon, 120 gramo giniling na karne, 1/2 tsp. tinadtad na luya, 1tsp. tinadtad na bawang, 2 tbsp.tinadtad na dahon sibuyas, 2 tbsp.tinadtad na kentsay

• Panimpla

1 tbsp.toyo, 1/2 tsp. asin, 1½ tasa tubig, kunting buto ng sesame

• Paraan ng pagluluto

1. Ibabad ang sotanghon sa malamig na tubig hanggang lumambot, tanggalin at salain, gupitin na may 6-7 cm ang haba.
2. Magpainit ng 2 tbsp. mantika, igisa ang giniling na baboy haloin ng mabuti para maghiwahiwalay hanggang sa maluto, ilagay ang tinadtad na dahon ng sibuyas at bawang, haloin ng bahagya.
3. Ihalo ang toyo, asin, at tubig, pakuloin, ilagay ang sotanghon haloin gamit ang chopstick.
4. Kapag malambot na ang sotanghon at ang sarsa ay kunti na, budburan ng tinadtad na kentsay, dahon ng sibuyas at sesame oil.

Daging cincang di masak dgn fense

• Bahan

3 ikat fense, 120 gram daging cincang, 1/2 sdt jahe yg di cop cop, 1sdt bawang putih cop cop, 2 sdm irisan daun daun bawang, 2 sdm Taiwan salary di cop cop

• Bumbu

1 sdm kecap asin, 1/2 sdt garam, 1½ gelas air, sedikit minyak wijen

• Cara memasaknya

1. Fense di rendam dgn air dingin, jika sdh agak lembek angkat dan tiriskan, dan di potong jgn terlalu panjang.
2. Panaskan wajan kasih minyak 2 sdm, untuk menggoreng dading cincang sampai daging masak, aduk aduk sebentar, dan tambahkan jahe dan bawang putih goreng sebentar.
3. Kemudian tambahkan keep asin, garam dan air, dan taruh fense bersamaan di aduk aduk jgn sampai fense, lengket.
4. Jika kelihatan fense meling, dan tambahkan irisan daun bawang dan Taiwan salary, dan minyak wijen sedikit.

香菇肉燥

材料

絞肉 600 公克、香菇 5 朵、大蒜屑 1 大匙、蔭瓜 1/2 杯、紅蔥酥 1/2 杯

調味料

酒 1/2 杯、醬油 1/2 杯、糖 1 茶匙、五香粉 1 茶匙

做法

1. 香菇泡軟、切碎。
2. 炒鍋中燒熱 3 大匙油來炒絞肉，油不夠時可以沿鍋邊再加入一些油，要把絞肉炒到肉變色、肉本身出油。
3. 加入大蒜屑和香菇同炒，待香氣透出時，淋下酒、醬油、糖和水 3 杯，同時加入蔭瓜和半量的紅蔥酥，小火燉煮約 1 個半小時。
4. 放下另一半紅蔥酥和五香粉，再煮約 10 分鐘即可關火。
5. 煮肉燥時可以放入白煮蛋，豆乾或油豆腐同煮，使它們吸收肉燥的味道及香氣。

Sarsang giniling na karne ng baboy na may kabute+Sarsang giniling na karne na may kanin

• Mga sangkap

600 gramong giniling na baboy, 5 kabute, 1 tbsp. tinadtad na bawang, 1/2 tasang preserbang pipino, 1/2 tasang pritong pulang sibuyas

• Panimpla

1/2 tasang alak at toyo, 1tsp. asukal, 1 tsp. pinulbos na limang uri ng panimpla (five spicy powder)

• Paraan ng pagluluto

1. Ibabad ang tuyong kabute sa tubig hanggang sa lumambot. Hiwain sa maliit na piraso.
2. Magpainit ng 3 tbsp. mantika at igisa ang giniling na karne, dagdagan ng mantika kung kinakailangan, igisa hanggang mabago ang kulay ng karne.
3. Ilagay ang bawang at kabute bahagyang igisa, lagyan ng alak, toyo, asukal at 3 tasang tubig, ilagay din ang preserbang pipino at kalahati ng pritong pulang sibuyas. Pakuloin ng 1½ na oras.
4. Ilagay ulit ang natitirang pritong sibuyas at limang uri ng panimpla. Lutoin ng 10 minuto.
5. Habang niluluto ang karne puwede lagyan ng nilagang itlog, toyong tokwa (tufu kan) at pritong tokwa. Sama samang lutoin sa sarsang giniling.
6. Ibudbod ang sarsa sa ibabaw ng kanin. Ihain na may itlog at tokwa.

Jamur di masak dengan daging babi cincang+ro cao fan

• Bahan

600 gram daging cincang, 5 potong jamur, 1 sdm cop bawang putih, 1/2 gelas ingkwa, 1/2 gelas bawang goreng

• Bumbu

1/2 gelas arak, 1/2 gelas kecap asin, 1 sdt gula pasir, 1 sdt 5 macam spasi bubuk

• Cara memasaknya

1. Jamur di rendam, lalu di potong kecil kecil.
2. Pakai 3 sdm minyak sayur untuk mengoreng daging cincang, jika minyak kurang boleh di tambahkan sedikit, sampai daging berubagh warna.
3. Tambahkan potongan bawang putih cincang, dan jamur sampai harum, lalu tambahkan arak, kecap asin, gula pasir 3 gelas air, lalu tambahkan ingkwa 1/2 gorengan bawang merah, apikecil di masak 1½ jam.
4. Taruh di sebagian gorengan bawang merah dan 5 macam spasi, di masak sampai 10 menit.
5. Masak daging cincang boleh bersamaan kasih telor yg sudah di masak, dan tofu atau yotofu bersamaan masak, sampai daging ada rasanya.
6. Nasi panas atasnya kasih rocao, namanya lurofen, dan telor sama tofukan.

肉燥湯麵 + 滷肉飯

材料

（1）肉燥湯麵：香菇肉燥 3 大匙、細麵條 200 公克、香菜 2 支、青菜隨意

（2）滷肉飯：香菇肉燥適量、白飯 1 碗、豆乾 1～2 塊、滷蛋 1 顆

調味料

（1）肉燥湯麵：鹽少許、麻油少許

做法

（1）肉燥湯麵

1. 香菜切末；青菜摘好。鍋中煮滾 6 杯水，放下麵條煮熟，撈出麵條，將青菜也燙一下，撈出。
2. 麵碗中加入鹽和麻油各適量，淋下熱清湯或熱水 2 杯。
3. 麵條放入碗中，加上 3 大匙肉燥料和青菜，再撒下香菜末即可。

（2）滷肉飯

1. 熱白飯上淋上肉燥即成滷肉飯，附滷蛋及豆乾。

Sinabawang pansit na may sarsang giniling na karne baboy

• Mga sangkap

3 tbsp. ng sarsang giniling na karne na may kabute, 200 gramong pansit, kahit anong berdeng gulay, kentsay

• Panimpla

asin at sesame oil

• Paraan ng pagluluto

1. Tadtarin ang kentsay at hiwain ang berdeng gulay. Lutoin ang pansit sa 6 na tasang kumukulong tubig. tanggalin at banlian naman ang gulay.
2. Ilagay ang asin at sesame oil sa malaking hawong ilagay din ang 1½ tasang sabaw o mainit na tubig.
3. Ilagay na ang pansit sa hawong at lagyan ng 3tbsp. sarsang giniling, kentsay at gulay sa ibabaw ng pansit.

Soup mie dengan dengan daging cincang

• Bahan

3 sdm daging cincang, 200 gram mie, cingcae, 2 potong seledri

• Bumbu

garam dan minyak wijen

• Cara memasaknya

1. Seledri di potong cop cop, di cingcae cuci bersih lalu di potong potong. Wajan di kasih air 6 gelas, di masak sampai mendidih dan kasih mie sampai mateng. Cincae juga di masak.
2. Tambahkan air panas, atau kao thang garam, dan minyak wijen.
3. Mie taruh di dalam mangkok, lalu tambahkan 3 sendok ro cao dan sayur cingcang, dan cop cop celedri.

菠菜炒蝦仁

材料

蝦子 15 隻、菠菜 250 公克、太白粉 1 大匙、蔥花 1 大匙

調味料

（1）鹽少許、太白粉少許

（2）鹽少許

做法

1. 蝦子剝殼後放在碗中，放入 1 大匙太白粉及約 1 大匙水，抓洗一下，再用水沖洗乾淨。用紙巾擦乾水分。再用調味料（1）拌勻。醃 20 分鐘。
2. 菠菜洗淨，切成約 5 公分的段。
3. 鍋中熱 2 大匙油，放入蝦仁炒至變色以熟，盛出。
4. 另熱 1 大匙油先放下蔥花爆香，再放下菠菜，加約 1 大匙水，把菠菜炒熟，加調味料（2）的鹽調味。
5. 放回蝦仁，一拌勻便可盛出。

Ginisang spinach na may hipon

• Mga sangkap

15 piraso ng hipon, 250 gramo ng spinach, 1 kutsarita harinang mais, 1 kutsarita ginayat dahon ng sibuyas

• Panimpla

(1) kunting asin at harinang mais
(2) kunting asin

• Paraan ng pagluluto

1. Pagkatapos balatan ang hipon ilagay sa hawong, lagyan ng harinang mais at 1 kutsaritang tubig para linisin ang hipon, bahagya haloin ska hugasan sa malinis na tubig. Pgkatapos hugasan tuyoin gamit paper towel. Ibabad gamit panimpla (1) sa loob ng 20 minuto.
2. Hugasan ang spinach, hiwain 5cm ang haba.
3. Magpainit sa kawali ng 2 kutsarita mantika, igisa ang hipon hanggang maluto, tanggalin.
4. Magpainit 1 kutsarita mantika, igisa muna ang dahon ng sibuyas, ilagay ang spinach at 1 kutsarita tubig, haloin hanggang maluto ang spinach at budboran ng kunting asin.
5. Ilagay ang hipo, haloin ng bahagya, tanggalin at ilagay sa plato.

Pocai goreng dengan udang

• Bahan

15 udang, 250 gram pocai, 1 sdm tepung jagung, 1sdm irisan daun bawang

• Bumbu

(1) garam dan tepung jagung sedikit
(2) garam sedikit

• Cara memasaknya

1. Udang di kupas kulitnya, dan kemudian taruh di mangkok, dan 1 sdm air dan 1 sdm tepung jagung aduk aduk rata, dan kemudian siram dgn air cuci bersih, dan di lap kering dgn tisuee dapur. Kemudian pakai bumbu (1) campurkan dan diamkan 20 menit.
2. Pocai di cuci bersih dan di potong kira kira 5 cm memanjang.
3. Wajan di kasih minyak 2 sdm, untuk mengoreng udang samapi masak dan angkt.
4. Wajan di panaskan lagi 2 sdm, untuk mengoreng daun bawang, dan taruh sayur pocai, tambahkan 1 sdm air, dan aduk sampai pocai matang, tambahkan garam untuk rasa.
5. Dan tambahkan udang ke dalamnya dan aduk, lalu angkt.

沙茶魚片

材料

鯛魚魚肉 1 片（約 150 公克）、鴻喜菇 1 包、香菇 3 朵、蔥 1 支、薑 2 片、嫩薑絲 1 大匙、酒少許

調味料

（1）鹽 1/4 茶匙、水 2 ～ 3 大匙、蛋白 1 大匙、太白粉 1 大匙
（2）沙茶醬 1 大匙、醬油 1 大匙、糖 1/2 茶匙、水 1 大匙、麻油 1/2 茶匙

做法

1. 魚肉打斜刀切片，用太白粉先抓洗，加水攪拌至乾淨，倒掉水分再拌上調味料（1），放 20 分鐘。
2. 香菇切片，鴻喜菇分成小朵。嫩薑絲泡入冰水中 5 ～ 10 分鐘。
3. 鍋中煮滾 5 杯水，放下香菇及鴻喜菇燙一下，撈出，瀝淨水分，放入盤中。
4. 水中加蔥、薑、少許酒一起煮滾，放下魚片，用鍋鏟輕輕撥動，使魚片分散、燙熟後撈出放在菇上，再放下嫩薑絲。
5. 淋下調勻的調味料（2）便可上桌，吃前輕輕拌勻即可。

Hiniwang isda na may sarsang sa cha

• Mga sangkap

1 piraso laman ng isda (150g), 1 pakete hong-shi kabute, 3 sariwang itim na kabute, 1 dahon sibuyas, 2 gayat na luya, 1 tbsp. luya na ginayat ng malilit

• Panimpla

(1) 1/4 tsp. asin, 2-3 tbsp. tubig, 1 tbsp. puti ng itlog, 1 tbsp. harinang mais

(2) 1 tbsp. sa-cha sarsa, 1 tbsp. toyo, 1/2 tsp. asukal, 1 tbsp. tubig, 1/2 tsp. sesame oil

• Paraan ng pagluluto

1. Hiwain ang isda, haloan ng harinang mais banlawan sa tubig, ibabad sa panimpla (1) sa loob 20 minuto.
2. Hiwain ang itim na kabute, at hiwalayin ang hong shi kabute, ibabad ang luya na ginayat ng maliit sa malamig na tubig 5-10 minuto.
3. Mgpakulo ng 5 tasa ng tubig sa kawali, banlian ang lahat ng kabute, salain at ilagay sa plato.
4. Ihalo ang luya, dahon ng sibuyas, at 1 tsp. alak sa kumukulong tubig, ilagay ang hiniwang isda, haloin ng dahan dahan, lutoin hanggang maluto ang isda, tanggalin at ilagay sa ibabaw ng kabute. Pati na rin luya.
5. Haloin ng mabuti ang panimpla (2) ilagay lahat sa isda, ihain.

Ikan di masak dgn sia cha sos

• Bahan

1 potong daging ikan (kira kira 150 gram), hong siku atau jamur basah, 3 potong jamur segar, 1 potong daun bawang, 2 iris jahe, 1 sdm jahe potong memanjang

• Bumbu

(1) 1/4 sdt garam, 2-3 sdm air, 1 sdm tputih telor, 1sdm tepung jagung

(2) 1 sdm sia cha ciang, 1 sdm kecap asin, 1/2 sdt sedkit garam, 1sdm air, 1/2 sdt minyak wijen

• Cara memasaknya

1. Ikan di potong potong, jgn terlalu besar, tambahkan tepung jagung, pakai tgn di aduk sebentar, lalu di cuci dgn air, sampai bersih. Dan tambahkan bumbu (1) campurkan dan diamkan selama 20 menit.
2. Jamur di potong memanjang. Hongsiku di potong. Jahe yg sdh di iris tadi di rendam dalam air dingin, 5-10 menit.
3. Masak air kira kira 5 gelas sampai mendidih, dan taruh jamur dan hong siku di rebus sebentar, lalu di angkat dan di tiriskan, dan taruh diatas piring.
4. Air yg tadi tambahkan jahe dan arak,sampai mendidih dan masukkan ikan ke dalamnya, pakai saled pelan pelan ikan di pisahkan. Jika ikan sdh masak, angkt taruh di atasnya jamur dan taruh jahe yg sdh di rendam dgn air dingi tadi.
5. Bumbu (2) campukan bumbu ke dalam ikan di atasnya.

香蔥烤鮭魚

材料

鮭魚 1 片、蔥花 1/2 杯

調味料

（1）鹽少許、胡椒粉少許、油 1 大匙

（2）美極鮮醬油 1/2 大匙、水 2 大匙、油 1/2 大匙

做法

1. 鮭魚連皮帶骨一起切成約 4 公分的塊狀，拌上調味料（1）；蔥花中也拌上調味料（2）。
2. 鋁箔紙裁成適當大小（或用烤碗，碗上蓋鋁箔紙），撒下半量的蔥花，放上鮭魚塊，再撒上蔥花，包好鋁箔紙。
3. 烤箱預熱至 220°C，放入烤箱烤 15 分鐘，即可取出。

TIPS

喜歡魚肉烤的有焦痕的話，可以在 10 分鐘後打開鋁箔紙，再烤 6 ～ 7 分鐘。

Hinurnong salmon na may dahon ng sibuyas

• Mga sangkap

1 pirasong salmon, 1/2 tasa ng tinadtad na dahon ng sibuyas

• Panimpla

(1) kaunting asin at paminta, 1 tbsp. mantika
(2) 1/2 tbsp. maggi sauce, 2 tasang tubig, 1/2 tbsp. mantika

• Paraan ng pagluluto

1. Hiwain ang salmon ng 4cm piraso, haloan ng panimpla (1). Haloan ng tinadtad na dahon ng sibuyas at panimpla (2).
2. Gumawa ng baking ware gamit ang aluminum foil, ilagay ang 1/2 ng dahon ng sibuyas, sa ibabaw ilagay naman ang salmon, at ang natitirang dahon ng sibuyas. Balotin sa aluminum foil.
3. Painitin ang oven ng 220 degree, ilagay ang nkabalot na salmon at hurnohin ng 15 minuto.

TIPS

Kung gustong mas hurno ang salmon, pagkatapos ng 10 minuto buksan ang aluminum foil at hurnohin ulit ng 6-7 minuto.

Daun bawang panggang dgn ikan salmon

• Bahan

1 potong ikan salmon, 1/2 gelas daun bawang

• Bumbu

(1) garam, mrica bubuk sedikt, 1 sdm minyak sayur
(2) 1/2 sdm meggi sos, 2 sdm air, 1/2 sdm minyak sayur

• Cara memasaknya

1. Salmon di potong kira kira 4 cm, campurkan bumbu (1) yg di atas tadi. Daun bawang juga di campurkan dgn bumbu (2).
2. alumunium foil atasnya di kasih daun bawang, dan ikan taruh diatasnya, tambahkan daun bawang dan kemudian alumunium foil di tutup (dengan dengan piring yg buat memanggang, dan di atasnya di tutup dgn alumunium foil).
3. Oven di panaskan kira kira 220℃, lalu masukkan ikan dan panggang 15 menit dan boleh di keluarkan.

TIPS

Jika kalian suka ikan agak warna kecoklatan, dan panggang lagi 10 menit, setelah di buka alumunium foil dan panggang lagi 6 -7 menit.

糖醋魚片

材料

白色魚肉250公克、蔥2支、薑2片、蝦米2大匙、蒜末1大匙、紅椒屑1大匙、蔥屑1大匙、粉絲1～2把、酒少許

調味料

（1）鹽1/4茶匙、水3大匙、太白粉1½大匙

（2）糖3大匙、醋4大匙、醬油1大匙、鹽1/4茶匙、水2杯、太白粉1大匙、胡椒粉少許、麻油1/2茶匙

做法

1. 魚肉斜切成片，用調味料（1）拌勻，醃30分鐘。
2. 鍋中煮滾5杯水，將粉絲燙熟撈出，放在大盤中。在水中加入蔥段、薑和酒1大匙，放入魚片以中小火燙煮至熟，撈出放在粉絲上。
3. 另用2大匙油炒蒜末和蝦米等，倒入調味料（2）煮滾，再加入蔥屑與紅椒屑，一拌合即可淋在魚肉上。

Hiniwang isda na may sarsa tamis at asim

• Mga sangkap

250 gramo hiniwang laman ng isda, 2 dahon ng sibuyas, 2 gayat ng luya, 2 tbsp. hibi, 1 tbsp. tinadtad na bawang, 1 tbsp. tinadtad na sili, 1 tbsp. tinadtad na dahon ng sibuyas, 1-2 sotanghon.

• Panimpla

(1) 1/4 tsp. asin, 3 tbsp. tubig, 1½ tbsp. gaw gaw

(2) 3 tbsp. asukal, 4 tbsp. suka, 1 tbsp. toyo, 1/4 tsp. asin, 2 tasa tubig, 1 tbsp. gaw gaw, kunting putting paminta, 1/2 tsp. sesame oil

• Paraan ng pagluluto

1. Hiwain ang isda, ibabad sa panimpla (1) sa loob ng 20 minuto.
2. Mgpakulo ng 5 tasa tubig sa kawali, pakuloan ang binabad na sotanghon hanggang sa maluto, ilagay sa plato.
3. Sa kumukulong tubig lagyan ng 1tbsp. alak, dahon ng sibuyas, luya at isunod ang isda, lutoin sa katamtamang init ng apoy. Kung luto na ang isda ilagay sa plato.
4. Magpainit ng 2 tbsp. na mantika, igisa ang bawang at hibi hnggang sa bumango, ilagay ang panimpla (2), kung kumulo na ang sarsa ilagay ang dahon ng sibuyas at sili, ilagay sa ibabaw ng isda.

Ikan di masak dgn sos cuka

• Bahan

250 gram ikan yg putih, 2 potong daun bawang, 2 iris jahe, 2 sdm udang kering, 1sdm cop copan bawang putih, 1sdm cop cop cabe merah, 1sdm irisan daun bawang, 1-2 ikat fense, 1sdm arak

• Bumbu

(1) 1/4 sdt garam, 3sdm air, 1½ sdm tepung jagung

(2) 3sdm gula, 4sdm cuka, 1sdm kecap asin, 1/4 sdt garam, 2gelas air, 1sdm tepung jagung, sedikir mrica bubuk, 1/2 sdt minyak wijen

• Cara memasaknya

1. Ikan di potong potong memanjang,kemudian pakai bumbu (1) campurkan sampai rata, diamkan 30 menit.
2. Masak air kira kira 5 gelas dgn wajan, masukkan fense yg sdh di rendam tadi, masak fense sampai matang. Angkat dan tiriskan dan taruh di piring.
3. Air yg buat ngrebus fense tadi di tambahkan daun bawang, dan 1 sdm arak, kemudian taruh ikan dan masak sampai mateng dan angkt taruh di atasnya fense.
4. Panaskan wajan taruh minyak 2 sdm, untuk menggoreng udang kering dan bawang putih, kemudian tambahkan bumbu (2) masak sampai mendidih, kemudian tambahkan irisan daun bawang dan irisan cabe merah aduk aduk hingga rata, sos di camprkan dan taruh di atasnya ikan.

香蔥蒸帶魚

材料

帶魚 6 片、蔥 2 支、香菜 2 支

調味料

鹽 1/2 茶匙、油 1 茶匙

做法

1. 帶魚洗淨、擦乾，在魚身上劃幾條刀口，抹上鹽醃 10 分鐘。
2. 蔥切成蔥粒；香菜切段。
3. 帶魚排在盤中，撒下蔥花，淋上油和水 1 大匙，上蒸鍋蒸 15 分鐘即可。
4. 取出，放上香菜段。

Pinasingawang espada na may dahon ng sibuyas

• Mga sangkap

6 pirasong espada, 2 dahon ng sibuyas, 2 tangkay ng kentsay

• Panimpla

1/2 tsp. asin, 1 tsp. mantika

• Paraan ng pagluluto

1. Hugasan ang espada at tuyoin, hiwaan ang laman, babaran ng asin ng 10 minuto.
2. Tadtarin ang dahon ng sibuyas. Gayatin ang kentsay.
3. Ilagay ang espada sa plato. Budboran ng tinadtad na dahon ng sibuyas at mantika, lagyan ng 1 tbsp. tubig sa ibabaw ng isda. Pasingawan ng 15 minuto.

Ikan layur di masak dengan dung bawang

• Bahan

6 potong ikan layur, 2 potong daun bawang, 2 potong danu seledri

• Bumbu

1/2 sdt garam, 1 sdt minyak sayur

• Cara memasaknya

1. Ikan layur di cuci bersih dan di lap kering, di atasnya ikan di potong sedikit biar rasanya bisa masuk, kasih garam diamkan 10 menit.
2. Daun bawang di potong kecil kecil, daun seledri di potong potong jgn terlalu panjang.
3. Ikan di taruh di atas piringdi atasnya taburi daun bawang, tambahkan minyak sayur dan 1sdm air, kemudian di kukus 15 menit.
4. Ikan di angkat dan irisan seledri di taruh di atasnya.

豆醬魚片

材料

白色魚肉 1 片（約 200 公克）、蘆筍 6 支、薑片 2 ～ 3 片、蔥 2 支、薑末 1 茶匙、酒 1 大匙

調味料

（1）鹽 1/2 茶匙、水 2 大匙、太白粉 1 大匙

（2）米豆醬 2 大匙、酒 1 茶匙、糖 1/2 茶匙、水 1/2 杯、太白粉水 1/2 茶匙

做法

1. 魚肉切片，用調勻的調味料（1）拌勻、醃約 20 分鐘。
2. 蘆筍削好、斜切成段；蔥、薑略拍一下、蔥切段。
3. 煮滾 5 杯水，先將蘆筍燙熟，撈出、排盤。
4. 水中再放入蔥段、薑片和酒 1 大匙，再將魚片放入，以中小火泡至熟，撈出。
5. 用 1 大匙油爆炒薑末，加入米豆醬、酒、糖和水，煮滾後放下魚片，輕輕拌炒均勻，略勾薄芡，盛在盤中。

Ginisang hiniwa na isda na may sarsa ng binurong bataw

• Mga sangkap

1 puti laman ng isda (200 gramo), 6 asparagus, 2-3 gayat ng luya, 2 dahon ng sibuyas, 1 tsp. tinadtad naluya, 1 tbsp. alak

• Panimpla

(1) 1/2 tsp. asin, 2 tbsp. tubig, 1 tbsp. harinang mais

(2) 2 tbsp. sarsa ng binurong bataw, 1 tsp. alak, 1/2 tsp. asukal, 1/2 tasa tubig, 1/2 tsp. harinang mais panlapot

• Paraan ng pagluluto

1. Hiwain ang isda, ihalo ang panimpla (1) ibabad ng 20 minuto.
2. Balatan ang asparagus at hiwain ng patahilis. Dikdikin ang dahon ng sibuyas at luya.
3. Magpakulo ng 5 tasang tubig at banlian ang asparagus, tanggalin at ilagay sa plato.
4. Ilagay sa sabaw ang dahon ng sibuyas, luya at 1 tbsp. alak, pati na rin isda. Lutoin sa katamtamang apoy hanggang maluto.
5. Magpainit ng 1 tbsp na mantika, igisa ang dinikdik na luya at ihalo ang panimpla (2) at sa huli ilagay ang isda, haloin mabuti at ilagay sa ibabaw ng asparagus.

Kedelai di masak dgn irisan daging ikan

• Bahan

200 gram ikan daging putih, 6 potong lusun, 2-3 irisan jahe, 2 potong irisan daun bawang, 1 sdt cop cop jahe, 1sdm arak

• Bumbu

(1) 1/2 sdt garam, 2 sdm air, 1 sdm tepung jagung

(2) 2 sdm kedelai kuning, 1 sdt arak, 1/2 sdt gula, 1/2 gelas air, 1/2 sdt air tepung jagung

• Cara memasaknya

1. Daging ikan di potong serong, taruh bumbu (1) campurkan kira kira 20 menit.
2. Lusun di potong jgn terlalu panjang serong kira kira. Danu bawang dan jahe di geprek.
3. Masak air kira kira 5 gelas dan di rebus lusunnya sampai masak, dan angkat taruh di atasnya piring.
4. Air rebusan lusun tambah daun bawang dan jahe, dan 1 sdm arak, kemudian irisan daging ikan taruh dan harus pakai api kecil, masak dan angkt jika dah mateng.
5. Wajan di kasih minyak 1 sdm untuk mengoreng cop cop jahe, tambahkan kedelai kuning, arak, gula, air masak sampai mendidih dan tambahkan irisan daging ikan, goreng sampai rat kemudian tambahk air tepung jagung dan angkt di taruh di atas piring.

鮮魚燒豆腐

材料

新鮮魚 1 條（例如，黃魚、鱸魚、馬頭魚，約 450 公克）、豆腐 1 ～ 2 塊、大蒜 5 粒、蔥 2 ～ 3 支、青蒜 1/3 支

調味料

酒 1 大匙、醬油 3 大匙、糖 1/2 大匙、醋 2 茶匙、胡椒粉少許、水 2 杯、太白粉水適量、麻油數滴

做法

1. 魚洗淨，擦乾水分；豆腐切厚片；大蒜切片；蔥切段，青蒜斜切絲。
2. 鍋中燒熱 2 大匙油，放下魚煎至微黃，翻面再煎。
3. 再煎一會兒後便可放入大蒜片和蔥段一起煎，待蔥、蒜變黃時，淋下酒和醬油，再加入糖、醋和胡椒粉，最後倒入水，放下豆腐。
4. 先以大火煮滾，再改成中小火，蓋上鍋蓋慢慢燒。燒的時候要不斷的用大匙舀湯汁往魚和豆腐上澆淋，同時也要轉動鍋子，使湯汁流動、能沾到魚身。
5. 燒到湯汁剩 1/3 杯左右，淋下少許太白粉水略勾芡，關火，滴下麻油，撒下青蒜絲，將魚和豆腐全部滑入盤子裡。

Guisadong isda na may tokwa

• Mga sangkap

1 sariwang isda (450gramo), 1-2 pirasong tokwa, 5 bawang, 2-3 tangkay ng dahon ng sibuyas, 1/3 dahon ng bawang

• Panimpla

1 tbsp. alak, 3 tbsp. toyo, 1/2 tbsp. asukal, 2 tsp. suka, kaunting itim na paminta, 2 tasang tubig, harinang mais, kaunting patak ng sesame oil

• Paraan ng pagluluto

1. Hugasan at hiwain ang isda at siguradohing walang tubig.
2. Hiwain ang tokwa sa makapal na piraso. Gayatin ang bawang. Hiwain ang dahon ng sibuyas pahaba, gayatin ang dahon ng bawang.
3. Magpainit ng 3 tbsp. mantika at iprito ang isda.
4. Ilagay ang bawang at dahon ng sibuyas habang piniprito ang isda, kapag ang dahon ng sibuyas nagbago ang kulay, idagdag ang alak, toyo, asukal, suka, at paminta, lagyan ng tubig at sa huli ilagay ang tokwa.
5. Pakuloin sa malakas na apoy, kapag kumukulo na gawin katamtaman lng ang apoy, takpan at hayaang kumulo. Kapag luto na ilagay sa ibabaw ng isda at tokwa.
6. Kapag may natirang sarsa, gumamit ng harinang mais para lumapot ang sarsa. Isara ang apoy at lagyan ng sesame oil, budburan ng ginayat na dahon ng bawang, ilagay lahat sa plato at ihain.

Ikan di masak dengan tofu

• Bahan

1 potong ikan segar (kira kira 450 gram), 1-2 tofu, 5 potong bawang putih, 2-3 potong daun bawang, 1/3 chingsuan

• Bumbu

1 sdm arak, 3 sdm kecap asin, 1/2 sdm gula, 2 sdm cuka, sedikit mrica bubuk, 2 gelas air, sedikit air tepung jagung, sedikit minyak wijen

• Cara memasaknya

1. Ikan di cuci bersih dan di lap kering.
2. Tofu di potong agak tebal. Bawang putih di potong serong, daun bawang di potong jgn terlalu panjang, ching suan di potong serong jgn terlalu tebal.
3. Wajan di panaskan minyak kira kira 3 sdm, untuk mengoreng ikan dan bagian kulitnya harus di goreng kecoklatan.
4. Tambahkan bawang putih daun bawang di goreng bareng, sampai berubah warna, dan tambahkna arak, kecap asin gula, cuka dan mrica bubuk, tambahkan air dan tofu.
5. Masak dgn api besar sampai mendidih, kemudian tutup dan apinya jgn terlalu besar, pelan pelan masak. Pas lagi masak kuahnya harus terkena ikan dan tafunya biar ada rasanya.
6. Sisaan kuahnya 1/3, tambahkan air tepung jagung untuk mengentalkan, dan apinya di matikan. Tambahkan minyak wijen dan daun chingsuan yg sdh di potong serong.

番茄高麗菜

材料

新鮮番茄 2 個、高麗菜 1/2 顆、蔥 1 支

調味料

番茄醬 2 大匙、淡色醬油 2 茶匙、鹽 1/2 茶匙、糖 1/4 茶匙、水 1/2 杯

做法

1. 在番茄蒂頭處切 4 道刀口，放入滾水中燙煮至外皮略微裂開，撈出泡冷水，剝皮後切成小塊。
2. 高麗菜切成 2 公分粗條，洗淨、瀝乾水分。
3. 起油鍋用 2 大匙油炒香蔥段，加入番茄再炒一下，加入高麗菜，再炒至高麗菜微軟，加入所有的調味料煮 3 ～ 4 分鐘即可。

Ginisang repolyo na may kamatis

• Mga sangkap

2 piraso sariwang kamatis, 500gramo repolyo, 1 dahon ng sibuyas

• Panimpla

2 tbsp. ketsup, 2 tsp. toyo, 1/2 tsp. asin, 1/2 tsp. asukal, 1/2 tasa ng tubig

• Paraan ng pagluluto

1. Hiwaan ang kamatis ng 4 na beses, pakuloan ng 1 minuto, tanggalin at ilagay sa malamig na tubig saka balatan.
2. Hiwain ang repolyo na may 2 cm ang lapad, hugasan at patuloin ang tubig.
3. Magpainit ng 2 tbsp. mantika, igisa ang dahon ng sibuyas, ilagay ang kamatis at panimpla, haloin mabuti, lutoin ng 3 minuto.
4. Ilagay ang repolyo, haloin at takpan, lutoin ng 2 minuto, hangang sa lumambot ang repolyo.

Kobis di masak dgn tomat

• Bahan

2 potong tomat segar, 500 gram kobis, 1 potong daun bawang

• Bumbu

2 sdm tomoto kecup, 2 sdt asin, 1/2 sdt garam, 1/2 sdt gula,1/2 gelas air

• Cara memasaknya

1. Tomat di potong bagian atasnya kira kira empat potongan, lalu rebus sampai kulitnya mengelupas, dan di taruhdi dalam air dingin, lalu kulitnya di kupas, dan di potong kecil kecil.
2. Kobis di potong 2 cm lebar, lalu di cuci bersih dan di tiriskan.
3. Pakai 2 sdt minyak untuk menggoreng daun bawang dan tomat, dan goreng sebentar tambahkan bumbu, masak kira kira 3 menit.
4. Kemudian tambahkan kobis aduk aduk sampai kobis agak lunak, jika suka lembek sedikit, dan masak sebentar lagi kira kira 2 menit, angkt dan taruh di piring.

香乾菠菜

材料

菠菜、茼蒿或其他綠色蔬菜 200 公克、豆腐乾 6 片

調味料

魚露 1 大匙、糖 1/6 茶匙、麻油 1 茶匙

做法

1. 菠菜摘好、洗淨，用滾水（水中加鹽 1 茶匙）川燙 10 秒鐘即撈出，沖冷開水至涼，剁成碎末，擠乾水分。
2. 豆腐乾放入水中煮 2 ～ 3 分鐘，取出，放涼後也剁碎。
3. 將菠菜和豆乾放在大碗中，加入調味料拌勻。

Spinach at tokwa salad

• Mga sangkap

200 gramo spinach, tong haw o iba pang berdeng gulay, 6 pirasong tokwa

• Panimpla

1 tbsp. patis, 1/6 tsp. asukal, 1 tsp. sesame oil

• Paraan ng pagluluto

1. Hugasan at gutayin ang gulay. Magpakulo ng tubig at lagyan ng 1tsp. ng asin. Banlian ang spinach ng 10 segundo. Tanggalin at hugasan sa malamig na tubig. Gayatin ng pino at pigaing mabuti.
2. Ilagay ang tokwa sa kumukulong tubig ng 2-3 minuto, tanggalin at hugasan ng malamig din na tubig. Gayatin din ng pino.
3. Ilagay sa malaking hawong ang spinach at tokwa, ihalo ang sangkap, haloin mabuti.

Tahu kering di bikin salad dgn sayur pocai

• Bahan

200 gram pocai atau tonghao cae, 6 potong tahu kering

• Bumbu

1 sdm yilu atau fish sos, 1/6 sdt gula, 1 sdt minyak wijen

• Cara memasaknya

1. Pocai, di cuci bersih dan di rebus sebentar kira kira 10 detik, air di kasih sedikit garam. Jika sdh di angkt tiriskan dan di siram air biar dingin, dan di cop cop, peras peras sampai kering.
2. Tahu kering di masak kira kira 2-3 menit, kemudian angkt dan tiriskan, jika sdh dingin, di potong kecil kecil.
3. Sayur pocai dan tahu kering di taruh di dalam mangkok, kemudian tambahkan bumbu campukkan sampai rata.

肉末銀絲燒胡瓜

材料

胡瓜 1 條（500 公克）、絞肉 150 公克、蝦米 2 大匙、蔥花 1 大匙、粉絲 1 把

調味料

醬油 1 大匙、鹽 1/4 茶匙、水 1 杯、胡椒粉少許、麻油數滴

做法

1. 胡瓜削皮、切成粗條；粉絲泡軟、剪短一點；蝦米泡軟。
2. 起油鍋，用 2 大匙油先炒香絞肉和蝦米，再加入蔥花和胡瓜絲繼續拌炒。
3. 加醬油和鹽再炒一下，加入水，蓋上鍋蓋，燒煮至胡瓜絲變軟（約 3 分鐘）。
4. 加入粉絲，再煮一會兒，至粉絲已透明、變軟，撒下胡椒粉、滴下麻油。再加以拌合即可關火。

Ginisang upo na may giniling na karne baboy at sotanghon

• Mga sangkap

1 upo (500gramo), 150 gramo giniling na baboy, 2 tbsp. hibi, 1 tbsp. tinadtad na dahon ng sibuyas, 2 sotanghon

• Panimpla

1 tbsp. toyo, 1/4 tsp. asin, 1 tasang tubig, kaunting tubig at sesame oil

• Paraan ng pagluluto

1. Balatan ang upo, hiwain ng pahaba. Ibabad ang sotanghon at gupitin ng maiksi. Ibabad din ang hibi.
2. Magpainit ng 2 tbsp. mantika, igisa ang giniling at hibi, ilagay ang dahon ng sibuyas at upo haloin.
3. Lagyan ng toyo at asin haloin ng bahagya, dagdagan ng tubig, takpan at lutoin ng 3 minuto hanggang lumambot na ang upo.
4. Ilagay ang sotanghon, lutoin hangang lumambot at budburan ng paminta at sesame oil, haloin mabuti at isara ang apoy.

Daging cincang masak dengan hukua

• Bahan

hukua 1 potong (500gram), 150 gram daging cincang, 2 sdm udang kering, 1 sdm irisan daun bawang, 1 ikat fense

• Bumbu

1 sdm kecap asin, 1/4 sdt garam, 1 gelas air, sedikit mrica bubuk, minyak wijen

• Cara memasaknya

1. Hukua kulitnya di kupas, lalu potong memanjang. Fense direndam, lalu potong, sedikt. Udang kering direndam.
2. Wajan di kasih minyak 2 sdm, masak daging cincang dan udang kering, sampai wangi, lalu taruh hukua dan daun bawang, goreng goreng sebentar.
3. Kemudian kecap asin dan garam lalu aduk aduk sebentar, lalu air, tutup masak 3 menit.
4. Kemudian tambahkan fense masak sebentar sampai fense berubah warna, tambahkan mrica bubuk dan minyak wijen aduk aduk.

滷蘿蔔

材料

蘿蔔 1 條、豬肉 250 公克、香菇 4 朵、薑片 2 片

調味料

醬油 2 大匙、味醂 2 大匙、八角 1/2 顆、水 2 杯

做法

1. 蘿蔔削皮、切成大塊；豬肉切成小塊。
2. 蘿蔔放入水中燙煮 5 分鐘，撈出蘿蔔，再把肉塊也燙一下。
3. 香菇泡軟、切片。
4. 鍋中用 2 大匙油炒香薑片、肉塊和香菇，加入調味料和蘿蔔，煮滾後改小火，滷煮 40 分鐘。

TIPS

可以不放豬肉，也很好吃。

Adobong labanos na may baboy

• Mga sangkap

1 labanos, 250 gramong baboy, 4 na itim kabute, 2 gayat na luya

• Panimpla

2 tbsp. toyo, 2 tbsp. mirin, 1/2 star anise, 2 tasa ng tubig

• Paraan ng pagluluto

1. Balatan ang labanos, hiwain ng malaking piraso. Hiwain ang baboy sa maliit na piraso.
2. Pakuloan ang labanos ng 5 minuto, tanggalin. Banlian ang baboy.
3. Ibabad ang kabute sa tubig hanggang sa lumambot, hiwain.
4. Magpainit ng 2tbsp. mantika sa kawali, pagmainit na igisa ng bahagya ang luya, baboy at kabute, ilagay ang panimpla at labanos, kapag kumulo na pahinain ang apoy, lutoin ng 40 minuto.

TIPS

Masarap din kainin kahit walang baboy.

Wortel putih di masak dengan daging babi

• Bahan

1 potong wortel putih, 250 gram daging babi, 4 potong jamur kering, 2 iris jahe

• Bumbu

2 sdm kecap asin, 2 sdm mirin, 1/2 star anisa, 2 gelas air

• Cara memasaknya

1. Wortel putih di kupas kulitnya dan potong besar besar. Daging babi di potong kecil kecil
2. Wortel di rebus kira kira 5 menit, angkat, dan daging babi juga di rebus sebentar dan angkt.
3. Jamur di rendam sampai empuk dan potong serong memanjang.
4. Wajan di kasih minyak sayur kira kira 2 sdm dan di goreng jahe, daging babi dan jamur, gaoreng sampai wangi, kemudian taruh bumbu dan wortel putih. Masak sampai mendidih kemudian di kecilkan apinya 40 menit.

TIPS

Sayur ini jika tidak di kasih daging babi juga enak.

香菇炒胡瓜

材料

胡瓜 1/2 條（300 公克）、蝦米 1 大匙、香菇 3 朵、蔥 1 支（切段）

調味料

醬油 1 大匙、鹽 1/4 茶匙、水 1/2 杯、胡椒粉少許、麻油數滴

做法

1. 胡瓜削皮、切成粗條；香菇用水泡軟後切絲；蝦米也泡軟、摘去硬的頭和腳。
2. 起油鍋，用 2 大匙油先炒香蝦米、蔥段和香菇，再加入胡瓜繼續拌炒。
3. 加醬油和鹽再炒一下，加入水，蓋上鍋蓋，燒煮 5 分鐘左右。
4. 至胡瓜已變軟，撒下胡椒粉、滴下麻油。再加以炒勻即可關火、裝盤。

Ginisang upo na may itim na kabute

• Mga sangkap

1/2 upo (300gramo), 1tbsp. hibi, 3 kabute, 1 dahon ng sibuyas hiniwa sa 3 cm pahaba

• Panimpla

1 tbsp. toyo, 1/4 tsp asin, 2/3 tasang tubig, kaunting paminta at sesame oil

• Paraan ng pagluluto

1. Balatan ang upo at hiwain ng pahaba. Ibabad ang kabute para lumambot, hiwain. Ibabad ang hibi, tanggalin ang matigas na balat.
2. Magpainit ng 2 tbsp mantika at igisa ang hibi, dahon ng sibuyas at kabute,ilagay ang upo, haloin mabuti.
3. Lagyan ng toyo, asin at tubig, takpan. Lutoin ng 5 minuto.
4. Kapag malambot na ang upo lagyan ng paminta at sesame oil. Haloin mabuti at isara ang apoy.

Jamur di masak dengan hukua

• Bahan

1/2 hukua (kira kira 300 gram), 1 sdm udang kering, 3 jamur, 1 potong daun bawang di potong jgn terlalu panjang

• Bumbu

1 sdm kecap asin, 1/4 sdt sedikit garam, 2/3 gelas air, sedikit mrica bubuk, minyak wijen sedikit

• Cara memasaknya

1. Hukua di kupas kulitnya dan di potong kira kira satu jari jari tgn. Jamur di rendam dgn air biar lembek, lalu di potong memanjang. Udang kering juga di rendam dan bagian yg keras di buang.
2. Wajan di kasih minyak 2 sdm untuk mengoreng udang kering dan daun bawang, dan jamur, sampai harum kemudian tambahkan hukua.
3. Kemudain tambahkan garam dan air dan goreng terus di tutup masak kira kira 5 menit.
4. Sampai hukua menjadi lembek dan tambahkan mrica bubuk dan minyak wijen. Aduk rata dan matikan api.

木耳小炒

材料

絞肉 150 公克、新鮮木耳 200 公克、芹菜 3 支、香菜 3 支、紅辣椒 1 支

調味料

醬油 1 大匙、鹽 1/2 茶匙、胡椒粉、麻油各適量

做法

1. 木耳剁碎；芹菜切小粒；香菜盡量取梗子部分，切成小段；紅辣椒去籽，也切碎。
2. 起油鍋燒熱 3 大匙油，放入絞肉炒一下，待絞肉變色已熟時，先淋下 1/2 大匙的醬油和絞肉一起炒透，使絞肉有香氣，再加入木耳一起大火翻炒。加鹽和胡椒粉調味，大火炒勻且沒有湯汁。
3. 關火後，撒下芹菜粒、香菜段和紅辣椒丁，滴下麻油，略加拌勻即可起鍋。

TIPS

1. 木耳下鍋後容易出水，要用大火來炒以收乾湯汁。
2. 也可以將乾木耳泡軟來用，口感較脆，但不如新鮮木耳嫩。

Ginisang fungus na may giniling na karne baboy

• Mga sangkap

150 gramo giniling na baboy, 200 gramo sariwang fungus, 3 tangkay ng chinese celery at kentsay, 1 pulang sili

• Panimpla

1 tbsp. toyo, 1/2 tsp. asin, kaunting asi at sesame oil

• Paraan ng pagluluto

1. Tadtarin ang fungus, celery, kentsay, at pulang sili.
2. Igisa ang giniling sa 2 tbsp na mainit mantika, kapag nagbago ang kulay, lagyan ng 1/2 tsp. toyo, haloin para bumango. Ilagay ang fungus, lutoin at haloin mabuti sa malakas na apoy at idagdag ang natitirang toyo, asin, at paminta. Haloin hangang wala ng sabaw.
3. Isara ang apoy. Ilagay ang celery, kentsay at pulang sili. Budburan ng sesame oil sa huli, haloin mabuti at ilagay plato.

Goreng jamur kuping dgn daging babi

• Bahan

150 gram daging cincang, 200 gram jamur kuping yg segar, 3 potong Taiwan salary, 3 potong daun seledri, 1 potong cabe merah besar

• Bumbu

1 sdm kecap asin, 1/2 sdt garam, sedikit mrica bubuk dan minyak wijen

• Cara memasaknya

1. Jamur kuping di cop cop, Taiwan salary juga di potong kecil kecil, seledri juga di potong kecil kecil. Cabe merah juga di potong kecil kecil.
2. Panaskan minyak kira kira 2 sdm untuk mengoreng daging cincang, sampai daging berubah warna, dan tambahkan 1/2 sdm kecap asin dan goreng goreng, kemudian tambahkan jamur aduk dgn api besar. Tambahkan 1/2 sdm kecap asin, garam dan mrica bubuk. Goreng dgn api besar sampai merata.
3. Kemudian matikan api tambahkan Taiwan salary dan daun seledri dan cabe merah besar, yg sdh di potong, tambahkan minyak wijen aduk rata.

香菇白菜燒麵筋

材料

大白菜 600 公克、香菇 3 ～ 4 朵、油麵筋 1 杯、胡蘿蔔數片、香菜少許

調味料

醬油 1½ 大匙、鹽適量、太白粉水適量、麻油數滴

做法

1. 白菜梗子切寬條，葉子可以切大一點，洗淨瀝乾。
2. 香菇用冷水泡軟、切片；油麵筋放碗中，加入溫水，泡軟時就要把水倒掉、略擠乾；胡蘿蔔切片。
3. 鍋中加熱 2 大匙油，炒香香菇片，淋下醬油烹香，加入白菜炒至軟，倒入泡香菇的水和胡蘿蔔，煮約 3 ～ 5 分鐘。
4. 加入油麵筋拌炒均勻，酌量加鹽調味，再煮至白菜已夠軟，淋下太白粉水勾芡，關火後，滴下麻油、撒下香菜段拌勻即可。

Itim na kabute na may glutinous ball at chinese repolyo

• Mga sangkap

600 gramong chinese repolyo, 3-4 itim na kabute, 2 tasang glutinous ball, ginayat na karot, kaunting kentsay

• Panimpla

1½ tbsp. toyo, asin, harinang mais, kaunting sesame oil

• Paraan ng pagluluto

1. Hiwain ang repolyo 2 cm lapad, ang dahon ay puwede mas malaki, hugasan at salain.
2. Ibabad ang kabute sa tubig na malamig hanggang sa lumambot at hiwain. Ibabad ang glutinous ball sa maligamgam na tubig, pigain kung malambot na. Gayatin ang karot.
3. Magpainit ng 2 tbsp. mantika at igisa ang kabute, ilagay ang chinese repolyo, igisa hanggang sa lumambot lagyan ng toyo at sabaw ng binabad na kabute pati na karot lutoin ng 10 minuto.
4. Ilagay ang glutinous ball at haloin ng mabuti, budburan ng asin. Lutoin hanggang ang repolyo ay malambot na, lagyan ng panlapot na harinang mais, isara ang apoy lagyan ng sesame oil at kentsay, haloin mabuti.

Jamur di goreng dgn sayur sawi dgn miencing

• Bahan

600 gram sayur sawi putih, 3-4 jamur kering, 2 gelas miencing, 10 potong wortel, daun seledri sedikit

• Bumbu

1½ sdm kecap asin, garam untuk menambah rasa, air tepung jagung, sedikit minyak wijen

• Cara memasaknya

1. Sayur sawi bagian yg keras di potong kira kira 2 cm. Daunnya besar sedikit gk apa apa.
2. Jamur di remdam, jika sdh lembek di potong serong jgn terlalu besar. Kemudian miencing taruh di dlm mangkok taruh air hangat, rendam sampai agak lembek, di peras sampai kering.
3. Wajan di kasih minyak kira kira 2 sdm untuk mengoreng jamur sampai wangi, tambahkan sayur sawi goreng goreng sampai lembek, dan kecap asin dan air rendaman jamur dan wortel yg sdh di potong tadi, masak 5 menit.
4. Kemudian tambahkan miencing aduk rata, tambahkan garam untuk menambah rasa, masak sampai sayur sawi empuk, dan tambahkan air tepung jagung untk mengentalkan. Jika api sdh di matikan tambahkan minyak wijen wangi dan daun seledri. Campur sebentar.

芹菜豆干炒肉絲

材料

肉絲 100 公克、豆腐乾 6 片、芹菜 3 支、蔥 1 支、紅辣椒 1 支

調味料

（1）醬油 1 茶匙、太白粉 1 茶匙、水 1 大匙
（2）醬油 2 茶匙、鹽少許、麻油數滴

做法

1. 肉絲用調味料（1）拌勻，醃 30 分鐘以上。
2. 芹菜摘好，切成約 4 公分長；豆腐乾切絲，用熱水燙 10 秒鐘，瀝乾。
3. 用 2 大匙油將肉絲過油炒熟，盛出。
4. 放入蔥段爆香，再加入豆腐乾同炒，淋下醬油和水約 3 ～ 4 大匙一起炒勻，再加鹽調味。
5. 最後放入肉絲、芹菜段和紅椒絲，再以大火炒勻，滴下麻油便可裝盤。

Ginisang tokwa na may baboy at celery

• Mga sangkap

100 gramo ginayat na baboy, 6 piraso tokwa, 3 tangkay ng chinese celery, 1 dahon ng sibuyas, 1 pulang sili

• Panimpla

(1) 1 tsp.toyo, 1 tsp. harinang mais, 1tbsp. tubig
(2) 2 tsp. toyo, kaunting asin at sesame oil

• Paraan ng pagluluto

1. Haloin ang karne at panimpla (1), ibabad ng 30 minuto.
2. Gutayin ang celery hiwain ng 4 cm pahaba. Gayatin ang tokwa, pakuloan ng 10 segundo at salain.
3. Magpainit ng 2 tbsp. na manika sa kawali at igisa ang karne, tnggalin kapag luto na.
4. Ilagay sa kawali ang dahon ng sibuyas at tokwa, bahagyang igisa, lagyan ng toyo at tubig (mga 3-4 tbsp.) haloin mabuti, lagyan ng asin ayon sa tamang panlasa.
5. Ilagay ang karne at celery, igisa sa malakas na apoy at sa huli lagyan ng sesame oil.

Taiwan saleri di masak dengan daging babi dan tahu

• Bahan

100 gram irisan daging babi, 6 potong tahu kering, 3 batang taiwan saleri, 1 potong daun bawang, 1 cabe merah

• Bumbu

(1)1 sdt kecap asin, 1 sdt tepung jagung, 1 sdm air
(2) 2 sdt kecap asin, sedikit garam, sedikit minyak wijen

• Cara memasaknya

1. Irisan daging babi di campukkan dengan bumbu (1) capurkan kira kira 30 menit.
2. Taiwan saleri di buang bagian yg keras, lalu di potong kira kira 4 cm panjang. Tahu kering memanjang, di rebus dengan air kira kira 10 detik, lalu angkat dan tiriskan.
3. Wajan di kasih minyak 2sdm, untuk mengoreng daging babi, goreng sampai matang dan angkt.
4. Goreng daun bawang sampai wangi, taruh tahu bersamaan di goreng, kemudian tambahkan kecap asin dan 3-4 air, dia duk aduk sampai merata dan tambahkan garam untuk rasa.
5. Terakhit tambahkan saleri, cabe merah dan irisan daging babi, masak dengan api besar sampai matang, terakhir tambah minyak wijen.

南瓜蒸肉丸

材料

絞肉 300 公克、冬菜或醬瓜 2 大匙、板豆腐 1/2 塊、南瓜 250 公克

調味料

蔥末 1 大匙、薑泥 1/2 茶匙、水 1 大匙、醬油 1 大匙、鹽 1/4 茶匙、麻油少許、蛋 1/2 個、太白粉 1 大匙

做法

1. 絞肉用刀剁至稍有黏性，置於大碗中。
2. 冬菜切細末；豆腐壓成泥，和調味料一起加入絞肉中，仔細攪拌至有彈性。
3. 南瓜削皮、切成厚片，放入蒸盤內墊底。
4. 再將做法 2. 的肉餡擠成肉丸狀，放在南瓜上。
5. 入蒸鍋以大火蒸 15 ～ 18 分鐘至熟便成。

Pinasingawang giniling na karne baboy na may kalabasa

• Mga sangkap

300 gramo giniling na karne baboy, 2 tbsp. preserbang repolyo (o preserbang pipino, 1/2 pirasong tokwa, 250 gramong kalabasa

• Panimpla

1 tbsp. tinadtad na dahon ng sibuyas, 1/2 tsp. niyadyad na luya, 1 tbsp. tubig, 1 tbsp. toyo, kaunting sesame oil, 1/2 hinalong itlog, 1 tbsp. harinang mais

• Paraan ng pagluluto

1. Bahagyang tadtarin ang giniling at ilagay sa malaking hawong.
2. Tadtarin ng pino ang preserbang repolyo. Dikdikin ang tokwa. Ilagay sa hawong kasama ang panimpla at giniling, haloin mabuti.
3. Balatan ang kalabasa, hiwain ng pira piraso, ilagay ng maayos sa plato.
4. Gawing bola bola ang karne, ilagay sa ibabaw ng kalabasa
5. Pasingawan sa malakas na apoy ng 15-18 minuto hanggang maluto.

Daging cincang kukus pumkin

• Bahan

300 gram daging cincang, 2 sdm sayur asin atau sayur timun asin, 1/2 potong tofu, 250 gram pumkin

• Bumbu

1 sdm irisan daun bawang, 1/2 sdt jahe cincang, 1 sdm air, 1 sdm kecap asin, 1/4 sdt garam, minyak wijen sedikit, 1/2 telor kocok, 1 sdm tepung jagung

• Cara memasaknya

1. Daging cincang di cop sedikit, taruh di mangkok.
2. Sayur asin di cop cop sedikit, tofu di semes, sayur asin dan tofu di campur dengan bumbu dan daging di campur jadi 1 sampai merata.
3. Pumkin di kupas kulitnya lalu di potong agak tebal, taruh di piring.
4. Campuran daging di bikin bola bola, kemudian taruh di atas nya pumkin.
5. Taruh di tempat kukusan dengan api besar 15-18 menit, jika daging sudah matang di angkt.

馬鈴薯蛋沙拉

材料

馬鈴薯 2 個（約 400 公克）、蛋 5 個、蘋果 1 個、小黃瓜 1 支、美乃滋 4 ～ 5 大匙

調味料

鹽 1/2 茶匙、黑胡椒粉少許

做法

1. 把馬鈴薯和蛋洗淨，放入鍋中，加水煮熟，約 12 分鐘時取出蛋，馬鈴薯再煮至沒有硬心。
2. 蘋果切成丁，蛋切碎；馬鈴薯剝皮，切成塊。
3. 黃瓜切片，用少許鹽醃 10 分鐘，用水沖一下，擠乾水分。
4. 所有材料放在大碗中，加入調味料和美乃滋拌勻，放入冰箱冰 1 小時後更可口。

Salad na patatas na may itlog

• Mga sangkap

2 patatas (400gramo), 5 itlog, 1 mansanas, 1 piraso pipino, 4-5 tbsp. mayonnaise

• Panimpla

1/2 tsp. asin, kaunting itim na paminta

• Paraan ng pagluluto

1. Hugasan ang patatas at itlog, pagkahugas ilagay sa kaserola lagyan ng tubig at pakuloan ng 12 minuto ang itlog, tanggalin ang itlog at ipagpatuloy pakuloan ang patatas hanggang sa lumambot.
2. Hiwain ang mansanas at itlog ng maliit na piraso. Balatan ang patatas at hiwain ng maliit na piraso.
3. Hiwain ang pipino,babad sa asin ng 10 minuto, hugasan at pigain ng mabuti hangang mwala ang katas.
4. Ilagay lahat ng sangkap sa malaking hawong, haloin mabuti kasama ang mga panimpla at mayonnaise, pagkatapos haloin ilagay sa refrigator ng 1 oras para mas ayos ang lasa.

Salad kentang

• Bahan

2 potong kentang (400 gram), 5 telor, 1 potong apel, 1 potong timun, 4-5 sdm mayonise

• Bumbu

1/2 sdt garam, sedikit mrica bubuk

• Cara memasaknya

1. Kentang di cuci bersih bersama telor, dan di taruh di wajan kasih air di masak sampai matang, telor di masak 12 menit dan angkt jika dah masak, kentang di tusuk jika tidak keras angkat.
2. Apel di potong kecil kecil, telor di potong lembut lembut, kentang di kupas kulitny, dan di potong keci kecil juga.
3. Timun di potong tipis tipis, taruh garam kira kira 10 menit, kasih air untuk membersihkan dan di keringkan.
4. Semua bahan di campurkan jadi 1 di mangkok, tambah mayonise serta tambahkan garam dan mrica bubuk sampai rata, taruh di kulkas kira kira1 jam, jadi tambah meresap.

紹子水蛋

材料

雞蛋 4 個、清湯或水 2 杯、絞肉 1 大匙、香菇 2 朵、胡蘿蔔末 1 大匙、蔥花 1/2 大匙、芹菜丁 1 大匙

調味料

醬油 2 茶匙、清湯 2/3 杯、鹽 1/4 茶匙、糖 1/4 茶匙、麻油少許、太白粉水適量、胡椒粉少許

做法

1. 2 杯清湯加鹽 1/3 茶匙煮至剛滾即熄火。
2. 蛋打散，將熱高湯沖入蛋汁中，邊加邊用打蛋器或多雙筷子攪勻，再將蛋汁過濾到深盤中。
3. 覆蓋上保鮮膜，水滾後放入，以中小火蒸至熟。
4. 用油炒散絞肉，加入香菇、胡蘿蔔和蔥花同炒至香氣透出，隨後加入醬油、注入清湯煮滾，以鹽、糖和胡椒粉調味，略勾芡，最後滴下麻油，撒下芹菜丁即可關火，做成紹子醬汁。
5. 將紹子醬汁淋在蛋上即可。

TIPS

紹子是指將材料都切成小丁所做出來的菜。

Pinasingawang itlog na may sarsang giniling na karne

• Mga sangkap

4 na itlog, 2 tasang sabaw or tubig, 1 tbsp. giniling na karne baboy, 2 itim na kabute, 1 tbsp. tinadtad na karot, 1/2 tbsp. tinadtad na dahon ng sibuyas, 1 tbsp. tinadtad na celery

• Panimpla

2 tsp. toyo, 2/3 tasang sabaw, 1/4 tsp. asin, 1/4 tsp. asukal, kaunting sesame oil, 2 tsp. harinang mais panlapot, kaunting paminta

• Paraan ng pagluluto

1. Magpakulo ng 2 tasang sabaw, ilagay 1/3 tsp. na asin.
2. Maghalo ng itlog, ilagay ang mainit na sabaw sa itlog, haloin ng mabilis ang itlog habang inilalagay ang sabaw, salain ang itlog sa malalim na plato.
3. Takpan ng plastik na pambalot, pasingawan sa katamtamang apoy ng 18-20 minuto.
4. Sa pagluluto ng sarsang giniling na karne：Magpainit ng 1 tbsp. na mantika at igisa ang giniling na karne, ilagay ang kabute, karot at dahon ng sibuyas, bahagyang haloin. Lagyan ng toyo at sabaw, saka ng asin, asukal, at paminta. Lagyan ng panlapot at ang huli ilagayang sesame oil at celery.
5. Ilagay ang sarsang giniling na karne sa pinasingawang itlog.

Kukus telor dengan daging babi

• Bahan

4 biji telor, 2 gelas air atau kuah sup, 1 sdm daging cincang, 2 potong jamur, 1sdm irisan wortel, 1/2 sdm irsan daun bawang, 1 sdm irisan daun seledri

• Bumbu

2 sdt kecap asin, 2/3 gelas sup kuah, 1/4 sdt garam, 1/4 sdt gula pasir, minyak wijen sedikit, tepung jagung sedikit, mrica bubuk sedikit

• Cara memasaknya

1. 2 gelas air atau kuah sup, tambahkan 1/3 sdt garam, masak sampai mendidih, dan tutup apinya.
2. Telor di taruh di dalam mangkok lalu di kocok, jika sup sdh mendidih campurkan dengan telor dan di saring, langsung di saring ke dalam mangkok.
3. Tutup dengan paosien mo, taruh di tienko, atau tempat yg buat ngukus, kira kira 18 atau 20 menit, sampai masak.
4. 1 sdm minyak sayur di panaskan, lalu daging cincang di goreng sampai berubah warna, kemudian tambahkan, jamur, wortel dan irisan daun bawang, sampai harum, dan tambahkan kecap asin dan sup kuah sampai mendidih, kasih garam dan mrica bubuk untuk menambah rasa. Tambahkan tepung jagung yg di campur dgn air, terakhir tambah minyak wijen dan irisan daun seledri.
5. Dan kemudian sos yg sdh jadi di taruh di atasnya telor yg sdh di kukus.

銀芽蝦炒蛋

材料

蝦仁 10 隻、蛋 5 個、綠豆芽 1 杯、蔥花 1 大匙

調味料

（1）鹽 1/6 茶匙、太白粉 1/2 茶匙
（2）鹽 1/2 茶匙、胡椒粉少許

做法

1. 蝦仁洗淨、擦乾水分，切成丁，拌上調味料（1），醃 10 分鐘。
2. 蛋加鹽 1/2 茶匙一起打散；綠豆芽洗淨、摘根、切短，放入蛋汁中。
3. 鍋中燒熱3大匙油，放下蔥花和蝦仁，蝦仁一變色隨即到下蛋汁，翻炒至蛋汁凝固，盛出。

Ginisang itlog na may hipon at toge

• Mga sangkap

10 binalatang hipon, 5 itlog, 1 tasang toge, 1 tbsp. tinadtad na dahon ng sibuyas

• Panimpla

(1) 1/6 tsp. asin, 1/2 tsp. harinang mais
(2) 1/2 tsp. asin, kaunting paminta

• Paraan ng pagluluto

1. Hugasan ang hipon, toyoin gamit ang papel na towel, hiwain ng cube, ibabad sa panimpla (1) ng 10 minuto.
2. Maghalo ng 5 itlog lagyan ng asi, at kaunting paminta. Hugasan ang toge hiwain ng maikli at ilagay sa itlog.
3. Magpainit ng 3 tbsp. mantika sa kawali, igisa ang dahon ng sibuyas at hipon kapag nagbago na kulay ng dahon ng sibuyas ilagay ang itlog, igisa hanggang maluto ang itlog, tangalin sa kawali at ilagay sa plato.

Toya goreng telor dan udang

• Bahan

10 potong udang yg sdh di kupas kulitnya, 5 biji telor, 1 gelas toya, 1 sdm irisan daun bawang

• Bumbu

(1) 1/6 sdt garam, 1/2 sdt tepung jagung
(2) 1/2 sdt garam, sedikit garam

• Cara memasaknya

1. Udang di cuci bersih dan di lap kering, dan potong ting atau bisa kotak kotak, campurkan dengan bumbu (1), di campurkan kira kira 10 menit.
2. Telor di kasih garam dan mrica bubuk aduk sampai rata. Toya di cuci bersih bagian kepalanya di buang, potong jgn terlalu panjang, kemudian di campurkan dgn telor ke dalamnya.
3. Wajan di kasih minyak kira kira 3sdm, untuk mengoreng daun bawang dan udang, sampai udang berubah warna, kemudian telor di masukkan ke dalam wajan, goreng sampai telor agak mengeras.

洋蔥肉末炒蛋

材料

絞肉 2 大匙、洋蔥 1/4 個、蛋 4 個、鹽 1/3 茶匙

調味料

（1）醬油、太白粉各少許、水 1 茶匙
（2）醬油 1 茶匙、胡椒粉少許

做法

1. 絞肉拌上調味料（1）備用。
2. 洋蔥切細絲；蛋加鹽 1/3 茶匙打散。
3. 鍋中先將絞肉用 1 大匙油炒散，加入洋蔥同炒，炒到洋蔥香氣透出，滴下醬油和胡椒粉調味。
4. 沿著鍋邊再淋下 2 大匙油，倒下蛋汁，輕輕推動蛋汁和絞肉混合，煎至蛋汁凝固。

Ginisang itlog na may sibuyas at baboy

• **Mga sangkap**

2 tbsp. giniling na karne, 1/4 sibuyas, 4 eggs, 1/3 tsp. asin

• **Panimpla**

(1) kaunting toyo at harinang mais, 1 tsp. tubig
(2) 1 tsp. toyo, kaunting paminta

• **Paraan ng pagluluto**

1. Paghaloin ang ginilig at panimpla (1).
2. Hiwain ng maninipis ang sibuyas. Maghalo ng itlog lagyan ng 1/3 asin.
3. Magpainit ng 2 tbsp. na mantika sa kawali, igisa ang giniling, ilagay ang sibuyas, igisa hanggang lumambot ng kunti ang sibuyas, dlagyan ng toyo at paminta.
4. Budburan ng 2 tbsp mantika ang palibot ng kawali at ilagay ang itlog, haloin para magsama ang giniling at itlog at hanggang maging matigas ang itlog.

Bawang bomboy di masak dgn daging babi dan telor

• **Bahan**

2 sdm irisan daging babi, 1/4 potong bawang bomboy, 4 biji telor, 1/3 sdt garam

• **Bumbu**

(1) kecap asin dan tepung jagung sedikit, 1sdt air
(2) 1 sdt kecap asin, sedikit mrica bubuk

• **Cara memasaknya**

1. Daging babi di campurkan dengan bumbu (1).
2. Bawang bomboy di potong kecil memanjang. Telor di kasih 1/3 sdt sedikit garam, dan di aduk rata.
3. Wajan kasih 1 sdm minyak, untuk mengoreng daging babi sampai matang, tambahkan bawang bomboy aduk aduk, sampai berubah kecoklatan dan wangi, tambahkan kecap asin dan mrica bubuk.
4. Dari wajan tambahkan 2 sdm minyak sayur, dan campuran telor di taruh di wajan, dan goreng aduk jadi satu sampai telor masak.

油豆腐塞肉

材料

絞肉 250 公克、油豆腐 8 個、蔥 1 支、小青江菜 8 棵、粉絲 1 把

調味料

（1）蔥屑 1 茶匙、醬油 1 大匙、水 2 大匙、麻油 1/4 茶匙、太白粉 1 茶匙

（2）醬油 1½ 大匙、糖 1 茶匙、鹽適量調味、水 2 杯

做法

1. 絞肉再剁細一點，加調味料（1）拌勻。
2. 油豆腐用熱水燙 1 分鐘，去除油漬，待涼後，剪開一個小刀口，把絞肉餡填塞入油豆腐中。
3. 青江菜摘去老葉，洗淨、瀝乾；粉絲泡軟，剪 1 ～ 2 刀，使粉絲短一點。
4. 炒鍋中加熱 1 大匙油，把蔥段和青江菜下鍋炒一下，加入調味料（2）煮滾，放下油豆腐一起燒煮。
5. 以中小火燒煮約 10 分鐘，加入粉絲同煮，煮至粉絲已軟且湯汁將收乾即可。

Adobong giniling na baboy na may pritong tokwa

• Mga sangkap

250 gramong giniling na karne baboy, 8 pirasong pritong tokwa, 1 dahon ng sibuyas, 8 berdeng repolyo, 1 sotanghon

• Panimpla

(1) 1 tsp. tinadtad na dahon ng sibuyas, 1 tbsp. toyo, 2 tbsp. tubig, 1/4 tsp. sesame oil, 1 tsp. harinang mais

(2) 1½ tbsp. toyo, 1 tsp. asukal, kaunting asin, 2 tasang tubig

• Paraan ng pagluluto

1. Tadtarin ang giniling, haloin at idagdag ang panimpla (1).
2. Pakuloan ang pritong tokwa ng 1 minuto, banlawan sa malamig na tubig at hiwaan ng maliit, ilagay ang giniling sa loob ng hiwa ng tokwa.
3. Putolan at hugasan ang berdeng repolyo. Ibabad ang sotanghon at gupitin ng maiksi.
4. Magpainit ng 1 tbsp. na mantika, bahagyang igisa ang dahon ng sibuyas at berdeng repolyo, ihalo ang panimpla (2) pakuloin, ilagay ang tokwa at lutoin.
5. Sa katamtamang apoy lutoin ng 10 minuto. Ilagay ang sotanghon, pakuloin hanggang maluto ang sotanghon at mawalan ng sabaw.

Yotofu stuf daging cincang

• Bahan

250 gram daging cincang, 8 potong yotofu, 1 daun bawang, 8 potong cingkang cae, 1 fense

• Bumbu

(1) 1 sdt irisan daun bawang, 1 sdm kecap asin, 2 sdm air, 1/4 sdt minyak wijen, 1 sdt tepung jagung

(2) 1½ sdm kecap asin, 1 sdt gula pasi, garam sedikit, 2 gelas air

• Cara memasaknya

1. Daging cincang di cop sampai lembut, tambahkan bumbu (1) sampai tercampur rata.
2. Yotufu masak kira kira 1 menit, kemudian cuci pakai air dingin, dan di remas keringkan, yotofu tengahnya di potong sedikit lalu daging cincangnya di masukin ke dalamnya.
3. Cingkangcae cuci bersih lalu keringkan. Fense direndam sampai lembek lalu di potong pendek sedikit.
4. Wajan taruh 1 sdm minyak, lalu taruh daun bawang sampai wangi, lalu taruh cingkang cae, goreng goreng kemudian taruh bumbu (2) sampai mendidih taruh yotofu.
5. Pakai api sedang masak 10 menit taruh fense, sampai fense lembek, dan tidak ada airnya.

紹子燴豆包

材料

絞肉 120 公克、香菇 2 朵、油炸豆包 4 片、芹菜 1 支、蔥屑 1 大匙、清湯或水 1 杯

調味料

酒 1 大匙、醬油 2 大匙、糖 1/4 茶匙、鹽少許、麻油 1/2 大匙

做法

1. 香菇以冷水泡軟、切碎；芹菜切小粒。
2. 乾鍋中不放油，放下油炸豆包，慢慢地烘烤至豆包的油滲出，且變得更酥脆，取出、切成長方塊。
3. 起油鍋用 1 大匙油炒香絞肉，再加入蔥屑和香菇同炒，有香氣後，淋下酒、醬油和清湯約 1 杯，煮滾後放入豆包塊，改小火燒 5 分鐘。
4. 加鹽和糖調好味道，以太白粉水勾薄芡，滴下麻油，撒下芹菜屑即可裝盤。

Guisadong giniling na baboy na may pambalot na tokwa

• Mga sangkap

120 gramong giniling na baboy, 2 kabute, 4 pritong pambalot na tokwa, 1 tangkay na chinese celery, 1 tbsp. tinadtad na dahon ng sibuyas, 1 tasang sabaw o tubig

• Panimpla

1 tbsp. alak, 1 tbsp. toyo, 1/4 tsp. asukal, kaunting asin, 1/2 tsp. sesame oil

• Paraan ng pagluluto

1. Ibabad ang kabute sa malamig na tubig hanggang sa lumambot at tadtarin. Tadtarin din ang chinese celery.
2. Painitin sa kawaling walang mantika ang pambalot na tokwa para maging malutong, tanggalin at hiwain sa makapal na piraso.
3. Magpainit ng 1tbsp. mantika at igisa ang giniling, ilagay ang tinadtad na dahon ng sibuyas at kabute, haloin ng bahagya, lagyan ng alak, toyo at 1 tasang sabaw, kapag kumulo na ilagay ang hiniwang tokwa, lutoin sa mahinang apoy ng 5 minuto, lagyan ng asukal at asin ayon sa tamang panlasa at sa huli lagyan ng celery at sesame oil.

Daging cincang masak topao

• Bahan

120 gram daging cincang, 2 jamur kering, 4 potong topao goreng, 1 potong jincae, 1 sdm daun bawang, 1 gelas air atua kuah sup

• Bumbu

1 sdm arak, 1 sdm kecap asin, 1/4 sdt gula, garam sedikit, 1/2 sdm minyak wijen.

• Cara memasaknya

1. Jamur kering di rendam sampai lembek, kemudian di potong kecil kecil, lalu jincae juga di potong kecil kecil.
2. Wajan jangan di kasi minyak lalu taruh goreng topao, goreng sampai topao minyak nya keluar, sampai garing, kemudian angkat dan di potong, potong.
3. Wajan di kasih 1 sdm minyak sayur goreng daging cincang, sampai wangi, kemudian taruh jamur dan daun bawang dan kemudian taruh kecap asin dan sup kuah, kemudian taruh topao masak 5 menit.
4. Tambahkan garam dan gula untuk menambah rasa, kemudian tambahkan minyak wijen dan jincae.

香菇碎肉燒豆腐

材料

香菇 2 朵、絞肉 2 ～ 3 大匙、嫩豆腐 1 盒、大蒜 1 粒、芹菜 1 支

調味料

酒 1 茶匙、醬油 1/2 大匙、蠔油 1/2 大匙、太白粉水適量、胡椒粉少許、麻油數滴

做法

1. 香菇泡軟後切丁；大蒜剁碎；豆腐切成小塊；芹菜切成小丁粒。
2. 鍋中加熱 2 大匙油，放入絞肉、香菇和大蒜末炒香。
3. 淋下酒、醬油、蠔油和水 1 杯，加入豆腐一起煮滾，改小火燒約 5 分鐘。
4. 慢慢加入太白粉水勾芡，避免將豆腐攪碎。加入麻油、胡椒粉和芹菜粒，關火、盛出裝盤。

Lutong tokwa na may giniling na baboy at kabute

• Mga sangkap

2 kabute, 2-3 tbsp giniling na baboy, 1 pakete lutong tokwa, 1 bawang, 1 tangkay ng chinese celery

• Panimpla

1 tsp. alak, 1/2 tbsp. toyo, 1/2 tbsp. sarsa ng talaba, harinang mais, kaunting paminta at sesame oil

• Paraan ng pagluluto

1. Ibabad ang kabute para lumambot at hiwain ng pira piraso. Tadtarin ang bawang. Hiwain ang tokwa sa malit na piraso. Tadtarin ang celery.
2. Magpainit ng 2 tbsp. mantika, igisa ang giniling, kabute at bawang. Igisa hanggang bumango.
3. Lagyan ng alak, toyo, sarsa ng talaba at 1 tasang tubig, ilagay na din ang tokwa at sama samang lutoin ng 5 minuto sa mahinang apoy.
4. Dahan dahan lagyan ng panlapot na harinang mais. Huwag hayaang masira ang tokwa. Lagyan ng sesame oil at paminta, at sahuli lagyan ng celery saka isara ang apoy.

Dading cincang masak dengan tofu

• Bahan

2 potong jamur, 2-3 sdm daging cincang, 1box tofu, 1 potong bawang putih, 1 cincae

• Bumbu

1 sdt arak, 1/2 sdm kecap asin, 1/2 sdm oyster saos, tepung jagung, mrica bubuk, minyak wijen sedikit

• Cara memasaknya

1. Jamur direndam sampai lembek, kemudian potong kecil kecil. Bawang putih di cop cop. Tofu di potong potong kotak. Cincae potong kecil kecil.
2. Wajan di kasih minyak 2 sdm, goreng daging cincang dan bawang putih sampai harum.
3. Kemudian taruh arak, kecap asin, oyster dan air 1 gelas, lalu taruh tofu masak 5 menit dengan api kecil.
4. Lalu kasih air campuran tepung jagung, jangan sampai tofu pecah. Kemudian tambahkan mrica bubuk, minyak wijen dan cincae dan taruh di mangkok.

雞鬧豆腐

材料

板豆腐 2 方塊、蛋 2 個、蝦皮 2 大匙、蔥 1 支、香菜少許

調味料

醬油 1/2 大匙、鹽 1/2 茶匙

做法

1. 豆腐切成大塊，放入開水中煮 3 分鐘後撈出，放涼，用叉子將豆腐壓碎。
2. 豆腐中加入蛋攪勻，再加調味料一起調勻。
3. 蝦皮用水沖一下，擠乾水分。
4. 鍋中燒熱 2 大匙油炒香蝦皮和蔥花，待香氣透出，倒下豆腐泥，大火快炒至凝固，再續炒至乾鬆為止，撒下香菜段，一拌勻即可起鍋。

Ginisang itlog na may tokwa

• Mga sangkap

2 pirasong tokwa, 2 itlog, 2 tbsp. hibi, 1 dahon ng sibuyas, kaunting kentsay

• Panimpla

1/2 tbsp. toyo, 1/2 tsp. asin

• Paraan ng pagluluto

1. Hiwain ang tokwa ng malaking piraso, pakuloan ng 3 minuto, tanggalin at palamigin, dikdikin ang tokwa gamit ang tinidor.
2. Ilagay ang itlog at panimpla sa tokwa, haloin mabuti.
3. Hugasan ang hibi, pigain mabuti.
4. Magpainit ng 2 tbsp. na mantika at igisa ang hibi at dahon ng sibuyas kapag mabango na ilagay ang tokwa na may panimpla, igisa sa malaking apoy hanggang magdikit dikit, ipagpatuloy haloin hanggang wala ng sabaw, budburan ng kentsay, paghaloin ilagay sa plato at ihain.

Tofu goreng telor

• Bahan

2 potong besar tofu, 2 biji telor, 2 sdm siapi atau udang udang kecil kecil, 1 potong daun bawang, sedikit daun seledri

• Bumbu

1/2 sdm kecap asin, 1/2 sdt garam

• Cara memasaknya

1. Tofu di potong besar besar, masak dgn air kira kira 3 menit, dan angkt biarkan dingin, kemudian ambil sendok garpu di semes sampai hancur, taruh di dalam mangkok.
2. Tofu di dalamnya tambah bumbu dan telor adu sampai rata.
3. Siapi di siram sebentar dgn air, dan tiriskan.
4. Wajan di kasih minyak 2 sdm untuk mengoreng siapi dan daun daun bawang, sampai minyaknya bau wangi, tambahkan tofu, goreng dengan api besar sampai tofu tercampur, pelan pelan masak, tambah daun seledri sebentar, dan matikan api.

蒜燒豆腐

材料

嫩豆腐 1 塊、肉絲 80 公克、豆豉 1 大匙、青蒜 1/2 支（斜切段）、大蒜 2 粒（切片）紅辣椒（切斜段，可不用）

調味料

（1）醬油 1/2 大匙、太白粉 1 茶匙、水 1 茶匙

（2）醬油膏 1 大匙、酒 1 茶匙、糖 1/2 茶匙、水 1 杯、太白粉水 1/2 大匙、麻油 1/2 茶匙

做法

1. 豆腐切成 3 公分長、1 公分厚之長方塊，用開水燙煮 1 分鐘，輕輕的撈出。
2. 豬肉切絲，用調味料（1）拌勻醃 10 分鐘以上。
3. 起油鍋用 2 大匙油炒香肉絲，盛出。放入豆豉爆香，加入大蒜片炒片刻，淋下酒和醬油膏，注入水後放入豆腐，小火燒煮約 5 分鐘。
4. 酌量加糖調味，沿著鍋邊淋下適量的太白粉水勾芡，滴下麻油，撒下青蒜段和紅辣椒段拌一拌，再煮一滾，即可裝盤。

Ginisang tokwa na may dahon ng bawang

• Mga sangkap

1 piraso tokwa, 80 gramo ginayat na karne baboy, 1 tbsp. tawsi, 1/2 dahon ng bawang (hiwain ng pirapiraso), 2 piraso bawang (hiwain), 1 pulang sili (depende ito kung gusto nyo ilagay)

• Panimpla

(1) 1/2 tbsp. toyo, 1 tsp. harinang mais, 1 tsp. tubig

(2) 1 tbsp malapot na toyo, 1 tsp. alak, 1/2 tsp. asukal, 1 tasang tubig, 1/2 tbsp. panlapot (harinang mais), 1/2 tsp. sesame oil

• Paraan ng pagluluto

1. Hiwain ang tokwa na may 3 cm haba at 1 cm ang kapal, lutoin sa kumukulong tubig ng 1 minuto, dahan dahan tanggalin.
2. Ibabad ang karne sa panimpla (1) ng 10 minuto.
3. Igisa ang karne sa 2 tbsp. mainit na mantika at lutoin ng bahagya, tanggalin muna, pagkatapos igisa naman ang bawang at tawsi, idagdag ang alak, malapot na toyo at tubig, ilagay muli ang tokwa, lutoin sa mahinang apoy ng 5 minuto.
4. Para sa tamang panlasa lagyan ng kaunting asukal. Para lumapot ang sarsa lagyan ng harinang mais, at lagyan ng sesame oil, dahon ng bawang at sili, pakuloin ng 1 minuto, pagkaluto ilagay sa plato at ihain.

Sayur chingsuan dengan tofu

• Bahan

1 potong tofu, 80 gram irisan daging babi, 1 sdm kedelai asin, 1/2 sayur chingsuan (potong serong serong), 2 potong bawang putih (potong serong), 1 biji cabe di potong serong memanjang (jika takut pedas jgn di taruh)

• Bumbu

(1) 1/2 sdm kecap asin, 1 sdt tepung jagung, 1 sdt air

(2) 1 sdm kecap asin kantal, 1 sdt arak, 1/2 sdt gula pasir, 1 gelas ar, 1/2 sdm tepung jagung, 1/2 sdt minyak wijen

• Cara memasaknya

1. Tofu di potong 3 cm kira memanjang, 1 cm tebal empat persegi, di rebus sebentar kira kira 1 menit, pelan pelan angkt.
2. Irisan daging babi di kasih bumbu (1) campurkan dan diamkan 10 menit ke atas.
3. Wajan di kasih minyak dan goreng daging babinya dan angkt. Tambahkan kedelai asin sampai harum, dan di tambahkan juga bawang putih goreng sebentar, dan kasih arak serta kecap asin kental. Tambahkan 1 gelas air dan tofu, masak dengan api kecil kira kira 5 menit.
4. Tambahkan sup kuah untuk menambah rasa, gula pasir, dan tambahkan air tepung jagung untuk mengentalkan. Tambahkan minyak wijen, chingsuan dan cabe merah, dan aduk aduk, sampai masak mendidih dan angkt, taruh di piring.

鮭魚蛋炒飯

材料

新鮮鮭魚 1 片（約 250 公克 ）、蛋 2 個、西生菜或大陸妹約 1 碗（切小片）、白飯 4 碗、蔥花 1 大匙

調味料

鹽少許、鹽 1/2 茶匙、白胡椒粉適量

做法

1. 鮭魚整片撒上鹽，裝入塑膠袋中，醃 1 夜。
2. 取出鮭魚，用水沖洗一下，切成小塊狀，用油炒至熟，盛出；西生菜切成小片或短絲。
3. 燒熱 2 大匙油將打散的蛋汁炒成碎片狀，盛出。
4. 另熱 2 大匙油爆香蔥花，放入白飯，以中小火炒散，加鹽調味。
5. 放入鮭魚和蛋片，再炒拌均勻後關火，放入西生菜，並撒下白胡椒粉即可。

Sinangag na kanin na may salmon

• Mga sangkap

1 pirasong salmon (250g), 2 itlog, lettuce hiwain ng maliit (1 tasa), 4 tasa lutong kanin, 1 kutsarita ginayat na dahon ng sibuyas

• Panimpla

(1) kunting asin

(2)1/2 kutsaritang asin, kunting puting paminta

• Paraan ng pagluluto

1. Ibabad ang salmon ng may asin, ilagay sa plastic bag, ibabad buong gabi.
2. Tanggalin ang salmon sa bag, banlawan sa tubig. Hiwain ng maliit na piraso, igisa sa mantika hanggang maluto, tanggalin.
3. Magpainit ng 2 kutsaritang mantika para igisa ang itlog, haloin para maging maliit na piraso. tanggalin.
4. Mgpainit ulit ng 2 kutsaritang mantika para igisa ang dahon ng sibuyas, igisa ang kanin,haloin hanggang mghiwahiwalay. Lagyan ng asin ayon sa tamang panlasa.
5. Ilagay ang salmon at itlog sa kanin, haloin mabuti. Ihalo ang lettuce, at sa huli budburan ng puting paminta.

Ikan salmon goreng nasi dan telor

• Bahan

1 potong ikan salmon (kirakira 250 gram), 2 biji telor, 1 mangkok sayur letusse potong kecil kecil, 4 mangkok nasi putih, 1 sdm irisan daun bawang

• Bumbu

(1) sedikit garam

(2) 1/2 sdt garam, sedikit mrica bubuk

• Cara memasaknya

1. Ikan salmon di rab atau di kasih garam, taruh di dalam plastic dan simpan di kulkas taruh kira kira satu malam.
2. Dan kemudian ikan di guyur dgn air sebentar, terus di potong keci kecil, goreng dgn minyak sedikit, goreng sampai mateng, dan angkat.
3. Wajan di kasih minyak sedikit buat mengoreng telor yg sdh di kocok, dan goreng sebentar lalu angkt.
4. 2 sdm minyak taruh di wajan goreng daun bawang, sampai wangi, dan kemudian taruh nasi putih, pakai api sedang untuk mengoreng, tambahkan garam untuk rasa.
5. Taruh ikan salmon dan telor aduk rata dan matikan api, dan tambahkan sayur lettuce dan mrica bubuk. Aduk sebentar dan angkt.

滑蛋蝦仁飯

材料

蝦仁 100 公克、蛋 2 個、蔥花 1 大匙、青豆 2 大匙、清湯或水 1½ 杯、白飯 2 碗

調味料

(1) 鹽 1/4 茶匙、太白粉 1 茶匙
(2) 鹽 1/2 茶匙、太白粉水 2 茶匙

做法

1. 蝦仁用太白粉先抓洗一下、再用水沖洗 3 ～ 4 次至水清、瀝乾水分、並以紙巾吸乾水分，放入小碗中，加調味料（1）拌勻，醃約 10 ～ 15 分鐘。
2. 蛋打至十分均勻，不要起泡。
3. 鍋中先熱 2 大匙油，放入蝦仁，大火炒至熟，撈出、瀝乾油。
4. 利用鍋中剩油，放下蔥花爆香，倒下清湯煮滾，加鹽調味，放下蝦仁和青豆煮滾後，再用太白粉水勾成薄芡。
5. 沿著湯汁邊緣再淋下 1 大匙油，接著淋下蛋汁，搖動鍋子，使蛋汁不要黏鍋、可以浮在湯汁中，見蛋汁熟了即關火，淋在白飯上。

Itlog at hipon na may kanin

• Mga sangkap

100 gramo ng binalatan na hipon, 2 itlog, 1tbsp tinadtad na dahon ng sibuyas, 2 tbsp. kaunting buto ng bitsuwelas, 1½ sabaw o tubig, 2 tasang lutong kanin

• Panimpla

(1) 1/4 tsp. asin, 1 tsp. harinang mais,
(2) 1/2 tsp. asin, 2 tsp. harinang mais na pampalapot

• Paraan ng pagluluto

1. Paghaloin ang hipon at harinang mais, hugasan ng tubig 3-4 beses, patoyoin gamit ang towel na papel, ilagay sa maliit na hawong, ibabad sa panimpla (1) ng 10-15 minuto.
2. Basagin ang itlog at haloin.
3. Magpainit ng 2 tbsp. na mantika sa kawali, pagmainit na igisa ang hipon, tanggalin pgluto na.
4. Ilagay ang tinadtad na dahon ng sibuyas sa kawali, bahagyang haloin, idagdag ang sabaw at hayaang kumulo, lagyan ng asin at ilagay ang hipon at buto ng bitsuwelas, lagyan ng panlapot.
5. Lagyan ng 1 tbsp. mantika ang palibot ng sabaw, at ilagay ang hinalong itlog sa ibabaw ng sabaw, dahan dahan haloin para d dumikit ang sabaw sa kawali, pagluto na ang itlog, isara na ang apoy, at dahan dahan ilagay sa ibabaw ng kanin.

Telor dan udang dengan nasi

• Bahan

100 gram udang, 2 telor, 1sdm irisan daun bawang, 2 sdm kacang polong, 1½ gelas sup kuah atau air, 2 mangkok nasi putih

• Bumbu

(1) 1/4 sdt garam, 1 sdt tepung jagung
(2) 1/2 sdt garam, 2 sdt tepung jagung air

• Cara memasaknya

1. Udang kasih sedikit tepung jagung di remes sebentar, lalu di cuci dgn air bersihkan, tiriskan, lalu di keringkan dgn tissue dapur, taruh di dlm mangkok tambahkan bumbu (1) campurkan hingga rata kira kira 10 -15 menit.
2. Telor di kocok, jgn sampai mengeluarkan busa.
3. Wajan kasih minyak pakai 2 sdm goreng udang, jika sdh masak angkt.
4. Jika wajannya masih ada minyaknya, goreng irisan daun bawang sebentar, tambah sup kuah sampai mendidih, dan tambahkan garam, terus kasih udang dan kacang polong, jika sdh mendidih tambahkan tepung jagung yg di campur dgn air.
5. Wajan di kasih sedikit minyak, kemudian taburi sedikit garam dan telor yg sdh di kocok taruh di atasnya, goyang goyang wajannya biar jgn lengket, jika telor sdh masak matikan dan angkat taruh di atasnya nasi.

親子丼

材料

去骨雞腿肉 1 隻、新鮮香菇 3 朵、洋蔥絲 1/2 杯、蔥 1 支（切段）、蛋 2 個、白飯 2 碗

調味料

（1）鹽少許、胡椒粉少許、酒少許

（2）香菇醬油 2 大匙、味醂 1 大匙、鹽少許、清湯 1 杯

做法

1. 雞腿切成 6 ～ 7 小塊，均勻撒上調味料（1），醃 10 分鐘。
2. 新鮮香菇切條；蛋打散。
3. 起油鍋，用 1 大匙油將洋蔥絲和蔥段炒香，加入調味料（2）煮滾，放入雞塊和香菇，以中火續煮 2 ～ 3 分鐘至雞腿已熟。
4. 在湯汁滾動處淋下蛋汁，成為片狀蛋花，見蛋汁幾乎凝固時關火，淋在熱的白飯上。

TIPS

淋蛋汁時不要淋在同一個地方，手要繞著鍋子轉一圈，使蛋汁均勻淋下成蛋片狀。

Manok at itlog na may kanin

• Mga sangkap

1 hita ng manok na walang buto, 3 sariwang kabute, 1/2 tasang ginayat na sibuyas, 1 dahon ng sibuyas (hiwain ng 3cm pahaba), 2 itlog, 2 tasang kanin

• Panimpla

(1) kaunting asin, paminta at alak
(2) 2 tbsp. toyong kabute, 1tbsp. mirin, kaunting asin, 1 tasang sabaw

• Paraan ng pagluluto

1. Hiwain ang manok ng 6-7 maliit na piraso, ibabad sa panimpla (1) ng 10 minuto.
2. Hiwain ang kabute, maghalo ng tlog.
3. Magpainit ng 1 tbsp. mantika sa kawali, igisa ang sibuyas at dahon ng sibuyas, ilagay ang panimpla (2) pakuloan, ilagay ang manok at kabute pagkumulo na, lutoin sa katamtamang apoy ng 2-3 minuto hanggang, maluto na ang manok.
4. Ilagay ang hinalong itlog sa sabaw, lutoin hanggang maluto ang itlog, ilagay sa ibabaw ng kanin.

TIPS

Ilagay ang itlog sa palibot ng sabaw para hindi mgdikit dikit ang itlog.

Daging ayam di masak dengan telor

• Bahan

1 potong paha ayam yg tidak ada tulangnya, 3 potong jamur segar, 1/2 gelas bawang bomboy yg sdh di potong, 1 potong daun bawang, 2 telor, 2 mangkok nasi putih

• Bumbu

(1) garam, mrica bubuk, arak sedikit
(2) 2 sdm kecap asin rasa jamur, 1 sdm mirin, garam sedikit, 1 gelas sup kuah

• Cara memasaknya

1. Daging ayam di potong jadi 6-7, kira kira jgn terlalu besar, campurkan dengan bumbu (1) campurkan sampai bumbu rata, kira kita 10 menit.
2. Jamur di potong memanjang, telor di kocok, daun bawang potong pendek pendek.
3. Wajan di kasih 1sdm minyak, goreng bawang bomboy dan daun bawang sampai harum, dan tambahkan bumbu (2) masak sampai mendidih, taruh daging ayam dan jamur, kemudian kecilkan masak kira kira 2-3 menit, sampai paha ayam empuk.
4. Dan telor yg sdh di kocok di siramkan di atasnya, yg sdh mendidih, jika telor sdh agak masak, angkat dan taruh di atasnya nasi.

綠豆小米粥

材料

綠豆 100 公克、小米 1 杯

調味料

白糖或二砂隨意

做法

1. 綠豆洗淨，泡水 2 ～ 3 小時。
2. 小米洗淨，和綠豆一起放入電鍋中，加水超過綠豆 3 公分，外鍋加 1 杯半的水，煮好跳起來時，再燜 30 分鐘。適量加水調稀一點。
3. 食用時可依個人喜好，加入白糖少許。

TIPS

1. 綠豆等豆類很適合用快鍋來煮，可節省 3/4 的時間。
2. 若要黏稠一點，可加少許圓糯米同煮。

Lugaw na millet at bataw o mung bean

• Mga sangkap

100 gramo bataw o mung bean, 1 tasa millet

• Panimpla

asukal para sa panlasa

• Paraan ng pagluluto

1. Hugasan ang bataw at ibabad ng 4 na oras, hugasan muli.
2. Hugasan ang millet, kasama ang bataw lagyan ng tubig mga 3 cm ang taas sa bataw, ilagay sa rice cooker, lagyan ng 1½ tasa ng tubig, kapag wala ng tubig hayaang nakatakip ng 30 minuto. Puwedeng dagdagan ng tubig kapag sobrang tuyo.
3. Maaaring lagyan ng asukal depende sa gusto ng bawat isa.

TIPS

Kung gustong mas malapot maaring lagyang ng round glutinous rice.

Kacang ijo dan beras kuning yg lembut bikin bubur

• Bahan

100 gram kacang ijo, 1 gelas beras kuning yg lembut

• Bumbu

gula pasir yg putih atau gula pasir yg coklat

• Cara memasaknya

1. Kacang ijo di cuci bersih, dan di rendan 2-3 jam.
2. Beras kuning yg lembut di cuci bersih, dan campurkan dgn kacang ijo dan di masak dengan tienko dan di luar tienko di kasih air 1½ air, jika tienko sdh naik ke atas, dan jgn di buka, diamkan 30 menit. Jika airnya kurang boleh di tambahkan air jadi tidak terlalu kering.
3. Setiap orang tidak sama, ada yg suka manis ada yg suka sedang, jadi tergantung kitanya, gulanya kira kira, sesukanya kitanya mau di kasih berapa.

TIPS

Jika suka agak kental buburnya boleh di tambahkan nasi ketan yg sdh di masak dan di campurkan.

雞肉粥

材料

雞胸肉 80 公克、胡蘿蔔絲 2 大匙、蔥花 1 大匙、芹菜 1 支、白飯 1 碗

調味料

（1）鹽少許、水 2 茶匙、太白粉 1/2 茶匙

（2）鹽 1/2 茶匙、胡椒粉少許

做法

1. 雞胸肉洗淨、切絲，用調味料（1）拌勻，醃約 10 分鐘。
2. 芹菜洗淨、去根、切屑，葉子部分也一起用。
3. 起油鍋用 1 大匙油炒香蔥花和雞肉，雞肉將熟時盛出，注入水或清湯 3 杯，再放下白飯，煮滾後改小火煮 15 分鐘，放下胡蘿蔔再煮 5 分鐘。
4. 放回雞肉和芹菜葉子，並加調味料（2）調味，關火後撒下芹菜屑即可。

Maalat na lugaw kanin na may hiniwang manok

• Mga sangkap

80 gramo na hiniwang manok, 2 tbsp. ginayat na karot, 1tbsp. tinadtad na dahon ng sibuyas, 1 tangkay ng chinese celery, 1 tasa lutong kanin

• Panimpla

(1) kunting asin, 2 tsp. tubig, 1/2 tsp. harinang mais

(2)1/2 tsp. asin, kunting puting paminta

• Paraan ng pagluluto

1. Hugasan ang pitso ng manok, hiwain, pagkatapos ibabad sa panimpla (1) sa loob ng 10 minuto.
2. Hugasan ang celery itabi ang kunting dahon at gayatin ng maliit na piraso.
3. Magpainit ng 1tbsp. mantika, igisa ang manok at dahon ng sibuyas, pagluto na ang manok tanggalin, maglagay sa kawali ng 3 tasang tubig at lutong kanin, lutoin ng 15 minuto, ilagay ang karot, lutoin muli ng 5 minuto.
4. Ilagay ang manok at dahon ng celery sa kanin, ilagay ang panimpla (2) off ang apoy at ihalo ang tangkay ng celery.

Bubur daging ayam

• Bahan

80 gram dada ayam, 2 sdm wortel di potong memanjang, 1 sdm irisan daun bawang, 1 potong seledri, 1 mangkok nasi putih

• Bumbu

(1) sedikt garam, 2 sdt air, 1/2 sdt tepung jagung

(2) 1/2 sdt garam, mrica bubuk sedikit

• Cara memasaknya

1. Dada ayam di cuci bersih dan di potong memanjang, kemudian tambahkan bumbu (1) sampai meresap diamkan 10 menit.
2. Seledri cuci bersih, memotongnya bersama daunnya.
3. Wajan di kasih minyak sayur 1 sdm, untuk mengoreng daun bawang dan daging ayam, jika ayam sdh masak dan angkat. Wajan di kasih 3 gelas air atau sup kuah, dan tambahkan nasi putih, masak sampai mendidih kira kira 15 menit, tambah kan wortel dan, masak 5 menit.
4. Tambahkan daging dan daun seledri, tambahkan bumbu (2) jika sdh mendidih tambahkan seledri batangnya yg sdh di potong kecil kecil.

鹹稀飯

材料

香菇 2 朵、肉絲 1 大匙、吻仔魚 2 大匙、蔥花 1 大匙、芹菜 1 小支、白飯 1 碗

調味料

醬油 1 茶匙、鹽 1/2 茶匙、胡椒粉少許

做法

1. 香菇泡軟、切成細絲；芹菜洗淨、去根、切屑。
2. 起油鍋，用 2 大匙油炒吻仔魚，一直炒到吻仔魚變成脆脆的，盛出。
3. 放下香菇，炒到香氣透出，加入肉絲和蔥花再炒一下，加一點醬油略炒一下增加香氣，再加入 3 杯水和白飯同煮。
4. 視個人喜好，鹹稀飯可以煮軟爛一點或只滾 5 ～ 6 分鐘亦可，加鹽調味，關火再撒下胡椒粉和芹菜屑，臨吃時才撒下吻仔魚。

Maalat na lugaw kanin

• Mga sangkap

2 pirasong itim na kabute, 1 tbsp. ginayat na karne, 2 tbsp. sariwang dilis, 1 tbsp. tinadtad na dahon ng sibuyas, 1 tangkay ng chinese celery, 1 tasang lutong kanin

• Panimpla

1tsp. toyo, 1/2 tsp. asin, kunting puti paminta

• Paraan ng pagluluto

1. Ibabad ang itim na kabute, hiwain pag malambot na. tadtarin ang chinese celery.
2. Magpainit ng 2 tbsp. na mantika para igisa ang dilis, lutoin para maging malutong, tanggalin.
3. Igisa ang kabute, tinadtad na dahon ng sibuyas at karne, lagyan ng toyo para bumango pagkatapos ilagay ang tubig at lutong kanin, sama samang lutoin.
4. Pakuloin ng 5-6 minuto pero kung gusto mas malambot pwede lutoin ng mas matagal. Lagyan ng paminta, celery at asin. Bago kumain budburan ng dilis.

Bubur asin

• Bahan

2 potong jamur, 1 sdm irisan daging babi, 2 sdm ikan lembut, 1 sdm daun bawang, 1 potong seledri, 1 mangkok nasi putih

• Bumbu

1 sdt kecap asin, 1/2 sdt garam, sedikit mrica bubuk

• Cara memasaknya

1. Jamur di rendam jika sdh lembek di potong, memanjang. Seledri di cuci bersih, lalu di potong cop cop.
2. Wajan kasih 2 sdm minyak untuk menggoreng ikan yg kecil kecil sampai kering, renyah, dan angkat.
3. Tambahkan jamur ke dalam wajan sampai wangi, kemudian tambahirisan daging babi dan irisan daun bawang, lalu tambahkan kecap asin goreng sebentar, dan tambahkan 3 gelas air dan nasi putih.
4. Setiap orang kadang kadang ada yg suka lembek ada juga yg agak keras, ada juga yg di masak hanya 5-6 menit juga bisa, dan tambahkan garam untuk rasa. Tutup api sesudahnya tambahkamn mrica bubuk dan seledri. Jika mau makan tambahkan ikan kecil kecil yg sdh di goreng.

炒烏龍麵

材料

肉絲 1 大匙、新鮮香菇 2 朵、魚板數片、洋蔥 1/4 個、高麗菜適量、烏龍麵 150 公克、清湯 1 杯、海苔芝麻鬆少許

調味料

柴魚醬油 2 大匙、味醂 1 茶匙、鹽少許

做法

1. 香菇切條；洋蔥切條；高麗菜切寬條。
2. 用 2 大匙油先炒熟肉絲，盛出。
3. 放入洋蔥再炒，炒香後加入香菇和高麗菜炒一下，加入清湯和調味料煮滾。
4. 放入烏龍麵、肉絲和魚板炒勻，蓋上鍋蓋燜煮一下，見烏龍麵回軟即可盛出。撒上芝麻香鬆即可。

TIPS

烏龍麵雖然較粗，但因為是熟麵，炒的時間很短即可。

Ginisang oolong noodle

• Mga sangkap

1 tbsp. ginayat na karne baboy, 2 pirasong sariwang kabute, 10 gayat ng fish cake, 1/4 sibuyas, repolyo, 150 gramo oolong noodle, 1 tasang sabaw, 1 tsp. buto ng sesame na may halong tuyong halamang dagat

• Panimpla

2 tbsp. bonito soy sauce, 1 tsp. mirin, kaunting asin

• Paraan ng pagluluto

1. Hiwain ang kabute, sibuyas, at repolyo, ng medyo malapad.
2. Igisa ang ginayat na karne sa 2 tbsp. mainit na mantika, kapag ang karne ay luto na, tanggalin at ilagay muna sa plato.
3. Igisa sa kawali ang sibuyas ng bahagya, pgkagisa ilagay ang kabute at repolyo, haloin, habang hinahalo ilagay ang sabaw at panimpla, pakuloin.
4. Ilagay ang oolong noodle, ginayat na karne at fish cake, haloin mabuti, takpan at bahagyang lutoin, isara ang apoy kapag malambot na ang oolong noodle. Tanggalin, ilagay sa plato at budburan ng buto ng sesame na may halong tuyong halamang dagat.

TIPS

Ang oolong noodle ay luto na kaya dna kailangang lutoin ng matagal.

Goreng ulong mie

• Bahan

1 sdm irisan daging babi, 2 buah jamur, fish cake sedikit, 1/4 bawang bomboy, sedikit kobis, 150 gram ulong mie, 1 gelas kuah sup, cema haimo

• Bumbu

2 sdm caeyi kecap asin, 1 sdt mirin, garam sedikit

• Cara memasaknya

1. Jamur, bawang bomboy, kobis, semuanya di potong memanjang.
2. Pakai 2 sdm minyak sayur untuk mengoreng irisan daging babi dan angkt.
3. Taruh bawang bomboy goreng sampai wangi, dan kemudian tambahkan jamur dan kobis, ka sdh lunak tambahkan kuah sup, masak sampai mendidih dan tambahkan rasa.
4. Taruh ulong mie, irisan daging babi dan campur hingga rata, tutup dan masak sebentar, jika mie sdh lunak dan tutup api, matikan.

TIPS

Ulong mie sebenarnya bentuknya besar, tapi sdh mateng, jika mau masak sebentar saja, jgn kelamaan.

蔥開煨麵

材料

蝦米 50 公克、蔥 6 支、細麵條 300 公克

調味料

酒 1 大匙、醬油 1 茶匙、鹽適量

做法

1. 蝦米沖洗一下，用水泡一下，摘淨硬殼。
2. 蔥切成 5 公分長段。
3. 炒鍋中熱油 3 大匙，放入蝦米先爆香，再放入蔥段，煎炒至蔥段有焦痕且有香氣。
4. 淋下酒及醬油，再加水 5 杯，大火煮滾後以小火燜煮 10 分鐘，加鹽調味。
5. 麵條放入湯中，大火煮滾後改小火煨煮，至麵條夠軟且入味即可。

Sinabawang pansit na may hibi at sibuyas

• Mga sangkap

50 gramong hibi, 6 tangkay ng dahon ng sibuyas, 300 gramong pansit

• Panimpla

1 tbsp. alak, 1 tsp. toyo, asin ayon sa panlasa

• Paraan ng pagluluto

1. Hugasan ang hibi, ibabad sa tubig ng panandalian, tanggalin ang matigas na balat.
2. Hiwain ang dahon ng sibuyas na may 5 cm ang haba.
3. Magpainit ng 3 tbsp. mantika at igisa ang hibi pati na dahon ng sibuyas, igisa hanggang bumango.
4. Lagyan ng alak, toyo at 5 tasang tubig. Pakuloin ng 10 minuto.
5. Ilagay ang pansit, lutoin sa mahinang apoy ng 8-10 minuto, Ibudburan ng asin.

Mie sup di masak dengan udang kering dan daun bawang

• Bahan

50 gram udang kering, 6 potong daun bawang, 300 gram mie

• Bumbu

1sdm arak sho-shing, 1 sdt kecap asin, garam untuk menambah rasa

• Cara memasaknya

1. Udang kering di rendam sebentar, sebagian yg keras di buang.
2. Daun bawang di potong kira kira 5 cm panjangnya.
3. Wajan di panaskan kira kira 3 sdm minyak untuk mengoreng udang kering, kemudian goreng daun bawang sampai kecoklatan.
4. Tambahkan arak dengan kecap asin dan air kira kira 5 gelas. Apinya harus besar sampai mendidih, kemudian ganti api kecil selama 10 menit.
5. Taruh mie ke dalam wajan, masak sampai mie lunak, cicipin rasanya dan sampai meresap.

土雞煨麵

材料

土雞半隻、蔥 2 支、薑 2 片、青江菜 300 公克、雞蛋麵 300 公克

調味料

紹興酒 1 大匙、鹽適量

做法

1. 將雞在滾水中燙過後洗淨。
2. 另煮滾水 6 杯，放下雞、蔥、薑和酒，小火燜煮 1 個半小時，取出雞放涼後，拆去雞骨。雞骨放回湯中再熬煮半小時，撈除雞骨。
3. 去骨的熟雞肉改刀切成小塊；青江菜洗淨、切短段，燙一下並沖涼。
4. 將麵、雞肉和青菜一起放入湯中，加鹽調味，再以小火煨煮約 8 ～ 10 分鐘至入味即可。

Sinabawang pansit na may native na manok

• Mga sangkap

kalahati ng native na manok, 2 dahon ng sibuyas, 2 gayat ng luya, 300 gramong berdeng repolyo, 300 gramong pansit

• Panimpla

1 tbsp. shao-hsing wine, asin para sa panlasa

• Paraan ng pagluluto

1. Banlian ang manok at hugasan.
2. Magpakulo ng 6 tasang tubig ilagay ang manok, sibuyas, luya at alak. Lutoin sa mahinang apoy ng 1½ oras. Tanggalin at palamigin ang manok. Kunin o himayain ang laman ng manok. Ibalik ang buto sa sabaw at lutoin muli ng 1/2 oras. Salain at tanggalin lahat ng buto.
3. Hiwain ang laman ng manok ng maliit na piraso. Hugasan ang berdeng repolyo, hiwain ng 2 cm ang haba at pakuloan ng panandalian, hugasan sa malamig na tubig.
4. Ilagay ang pansit, manok, at berdeng repolyo sa sabaw. Lagyan ng asin, lutoin sa mahinang apoy ng 8-10 minuto.

Sup ayam mie

• Bahan

1/2 ayam kampong, 2 potong daun bawang, 2 iris jahe, 300 gram sayur sawi hijau, 300 gram mie telor

• Bumbu

1 sdm shao- shing arak, garam untuk rasa

• Cara memasaknya

1. Daging ayam di rebus sebentar dan cuci bersih.
2. Panaskan air kira kira 6 gelas air, taruh daging ayam, jahe daun bawang, dan arak masak dengan api kecil kira kira 1½ jam. Kemudian angkat daging ayam taruh sampai dingin, dan ambil tulangnya, dan tulangnya taruh di dalam sup masak kira kira 1/2 jam, jika sup sdh meresap angkat tulang ayam.
3. Daging ayam potong kecil kecil. Sayur sawi hijau di potong potong dan di rebus sebentar dan kasih air biar dingin.
4. Taruh mie, daging ayam dan sayur di campur kedalam wajan dan tambahkan garam sedikit untuk rasa. Masak dengan api kecil kira kira 8-10 menit.

三鮮湯麵

材料

蝦仁 150 公克、肉片 100 公克、水發魷魚 150 公克、水發木耳 1/2 杯、小白菜 150 公克、細麵 300 公克、蔥 2 支、清湯 6 杯

調味料

（1）鹽 1/6 茶匙、太白粉 1 茶匙

（2）醬油 1 茶匙、水 2 茶匙、太白粉 1 茶匙

（3）酒 1/2 大匙、醬油 2 茶匙、鹽適量、白胡椒粉少許、麻油 1/2 茶匙

做法

1. 蝦仁用太白粉抓洗一下、再用水沖淨，擦乾水份，加調味料 (1) 拌醃 20 分鐘。
2. 肉片以調味料（2）拌醃 20 分鐘；魷魚在表面劃切直條刀紋，分切成片。
3. 以 2 大匙油爆香蔥段，淋下酒，注入清湯，放下木耳，煮至滾。
4. 放下三鮮料及切段之小白菜，待湯再滾時，撇去表面之浮沫，加醬油、鹽和胡椒粉調味，滴下麻油。
5. 麵條煮熟後放入碗中，澆淋上三鮮湯料。

Sinabawang pansit at baboy

• Mga sangkap

150 gramong binalatan hipon, 100 gramo ginayat na baboy, 150 gramong dilaw na pusit, 1/2 tasang binabad na tenga ng daga, 150 gramong petsay, 300 gramong pansit, 2 dahon ng sibuyas, 6 tasang sabaw

• Panimpla

(1) 1/6 tsp. asin, 1 tsp. harinang mais
(2) 1 tsp. toyo, 1 tsp. harinang mais, 2 tsp. tubig
(3) 1/2 tbsp. alak, 2 tsp. toyo, kaunting asin at puting paminta, 1/2 tsp. sesame oil

• Paraan ng pagluluto

1. Haloan ng harinang mais ang hipon, hugasan at patuyoin. Ibabad sa panimpla (1) ng 20 minuto.
2. Ibabad ang ginayat na baboy sa panimpla (2) ng 20 minuto. Hiwaan ang pusit simula loob at gayatin ng pira piraso.
3. Magpainit ng 2 tbsp. mantika at igisa ang dahon ng sibuyas, ilagay ang alak at sabaw. Ilagay na din ang tenga ng daga (fungus) at pakuloin.
4. Ilagay sa sabaw ang 3 sangkap at hiniwang gulay. Kapag kumukulo na ang sabaw lagyang ng asin, paminta, sesame oil at toyo.
5. Ilagay ang lutong pansit sa malaking hawong at ang sabaw na may sangkap.

Mie sup dengan 3 rasa, udang, cumi cumi dan daging

• Bahan

150 gram udang, 100 gram daging iris, 150 cumi cumi kering di rendam sampai lunak, 1/2 gelas rendaman jamur kering, 150 gram sayur hijau, 300 gram mie lembut, 2 potong daun bawang, 6 gelas sup

• Bumbu

(1) 1/6 sdt garam, 1 sdt tepung jagung,
(2) 1 sdt kecap asin, 2 sdt air, 1 sdt tepung jagung
(3)1/2 sdm arak, 2 sdt kecap asin, sedikit garam dan mrica bubuk, 1/2 sdt minyak wijen

• Cara memasaknya

1. Udang kasih tepung jagung, aduk aduk hingga rata kemudian bersihkan dengan air, lap bersih dengan tissue dapur, tambahkan bumbu (1) aduk rata diamkan 20 menit.
2. Irisan daging babi, campurkan dengan bumbu (2) diamkan selama 20 menit. cumi cumi potong mengembang, kemudian di potong kira kira.
3. Panaskan wajan goreng irisan daun bawang, tambahkan arak dan sup kuah, tambahkan jamur kuping, sampai sup mendidih.
4. Tambah 3 macam, udang, daging babi, dan cumi cumi, dan sayur sampai sup mendidih, tambah kecap asin garam, mrica, dan minyak wijen.
5. Jika mie sudah masak, taruh di mangkok, tambahkan sup kuah di atasnya.

四季紅魚麵

材料

紅魚（赤鯮）2 條（300 公克）、四季豆 150 公克、蔥 2 支、薑 2 片、細麵條 300 公克

調味料

酒 1 大匙、鹽適量、胡椒粉少許

做法

1. 紅魚刮鱗洗淨後，擦乾水分；四季豆斜切成細絲。
2. 燒熱 3 大匙油爆香蔥、薑，再放下紅魚略煎（兩面均煎），淋酒並注入水 6 杯，煮滾後改小火煮約 10 分鐘。
3. 挾出紅魚，待稍涼後細心剔下兩面之魚肉（盡量保持大片），再將魚頭、魚骨及肚子部分放回湯中，再熬煮 20 分鐘、至鮮味入湯中，用細篩網過濾。
4. 細麵放入魚湯中，再加四季豆絲及調味料，小火煮約 7 ～ 8 分鐘，放下魚肉再煮一滾，即裝入碗中。

Sinabawang pansit na may isda at bitsuwelas

• Mga sangkap

2 bisugo (300 gramo), 150 gramo bitsuwelas, 2 dahon ng sibuyas, 2 gayat ng luya, 300 gramo manipis na pansit

• Panimpla

1 tbsp. alak, kaunting asin at puting paminta

• Paraan ng pagluluto

1. Hugasan ang bisugo isda at patuyoin. Hiwain ang bitsuwelas.
2. Magpainit ng 3 tbsp mantika at igisa ang dahon ng sibuyas at luya. Pritohin ang isda, lagyan ng alak at 6 na tasang tubig. Lutoin ng 10 minuto.
3. Tanggalin ang isda, at kunin ang mga laman neto na kung maari sa malaking piraso, siguradohin walang buto o tinik. Ibalik sa kawali ang ulo at tinik ng isda. Lutoin sa mahinang apoy ng 20 minuto.
4. Lutoin ang pansit ng katamtaman at banlawan sa malamig na tubig. Ilagay ang pansit, bitsuwelas, asin, at paminta sa sabaw. Lutoin sa mahinang apoy ng 7-8 minuto. Ilagay muli ang laman ng isda sa sabaw. Kapag kumulo na isara ang apoy.

Ikan merah di masak dengan sup dan buncis

• Bahan

2 potong ikan merah, 150 gram buncis, 2 potong daun bawang, 2 potong jahe, 300 gram mie lembut

• Bumbu

1 sdm arak, garam buat rasa, mrica sedikit

• Cara memasaknya

1. Ikan di cuci bersih dan di lap kering, buncis di potong serong.
2. Wajan di panaskan 3 sdm minyak sayur, pertama goreng daun bawang sampai wangi, potong jahe, taruh ikan goreng di bolak balik. Tambahkan arak dan 6 gelas air, masak sampai mendidih kira kira 10 menit.
3. Ambil ikan dari wajan, tunggu sampai dingin, dan ambil daging ikannya, ambil duri ikan dan kepala taruh di dalam sup, dan masak selama 20 menit, kemudian di saring dengan saringan durinya di pisahkan.
4. Taruh mie di dalam mangkok bersama buncisnya, dan masak kira kira7-8 menit sampai mie jadi lunak, tambahkan garam dan mrica bubuk. Terakhir tambahkan ikan jika sdh mendidih.

雪菜肉末麵

材料

絞肉 120 公克、雪裡紅 300 公克、蔥花 1 大匙、紅辣椒 1 支、細麵條 300 公克、清湯 4 ～ 5 杯

調味料

（1）醬油 1 大匙、糖 1/2 茶匙、鹽少許

（2）醬油 1 大匙、鹽 1 茶匙、麻油 1/4 茶匙

做法

1. 雪裡紅漂洗乾淨，擠乾水分，嫩梗部分切成細屑，老葉不用，再擠乾一些。
2. 將 3 大匙油燒熱，放入絞肉炒熟，加入紅辣椒圈和雪裡紅快速拌炒，見雪裡紅已炒熱，加入調味料（1）的醬油和糖再炒一下。
3. 加入約 3 ～ 4 大匙的水將味道炒勻，可加鹽調整味道。
4. 麵煮熟，分別盛放入麵碗中；清湯煮滾，加調味料（2）調味，倒入麵條中，再澆上適量雪裡紅肉末。

Sinabawang pansit na may baboy at mustasang binabad sa asin

• Mga sangkap

120 gramong giniling na baboy, 300 gramong mustasang binabad sa asin, 1 tbsp. tinadtad na dahon ng sibuyas, 1 pulang sili, 300 gramong manipis na pansit, 4-5 tasang sabaw

• Panimpla

(1) 1 tbsp. toyo, 1/2 tsp. sugar, kaunting asin
(2) 1 tbsp.toyo, 1 tsp. asin, 1/4 tsp. sesame oil

• Paraan ng pagluluto

1. Hugasan ang mustasa, pigain, at hiwain ng maninipis, huwag isama lahat ng dahon.
2. Magpainit ng 2 tbsp mantika at igisa ang giniling. Ilagay ang mustasa at ginayat na sili. Haloin mabuti at ilagay ang toyo at asukal. haloin ng haloin.
3. Lagyan ng 3-4 tbsp. ng tubig ang mustasa. Haloin ng mabuti at lagyan ng asin kung kinakailangan.
4. Lutoin ang pansit at ilagay sa 3 hawong. Pakuloin ang sabaw, ilagay ang panimpla (2) at ihalo sa pansit, at sa huli ilagay ang mustasa sa ibabaw ng pansit.

Sielihong daging cincang sup

• Bahan

120 daging cincang, 300 gram sayur hijau, 1 sdm daun bawang, 1 potong cabe, 300 gram mie lembut, 4-5 gelas sup kuah

• Bumbu

(1) 1 sdm kecap asin, 1/2 sdt gula pasir, sedikit garam
(2) 1 sdm kecap asin, 1 sdt garam, 1/4 sdt minyak wijen

• Cara memasaknya

1. Sayur hijau cuci bersih dan di remas sampai kering, bagian batangnya potong memisah, dan bagian yg tua di buang.
2. Wajan di panaskan 3 sdm minyak, goreng daging cincang sampai kecoklatan, tambahkan sayur hijau dan irisan cabe, goreng sebentar kecap asin dan gula, goreng goreng sebentar.
3. Tambah 3-4 air, sampai rasanya merata dan tambahkan garam, sampai rasanya enak.
4. Masak mie sampai masak, dan taruh dalam mangkok. Sup kuah masak sampai mendidih tambahkan bumbu (2), dan sup kuah juga masukin ke dalam mangkok, di atasnya kasih sayur.

家常湯麵

材料

肉絲 80 公克、蝦米 1 大匙、香菇 3 朵、白菜 150 公克、蔥 2 支、寬麵條 200 公克、水 4 杯

調味料

（1）蠔油 1 茶匙、太白粉 1 茶匙、水 1 大匙

（2）酒 1 大匙、醬油 1/2 大匙、鹽適量調味、胡椒粉少許、麻油數滴

做法

1. 肉絲用調味料（1）抓拌均勻，放約 10 分鐘。
2. 蝦米和香菇分別泡水，蝦米摘除頭和腳的殼；香菇泡軟切絲；白菜也切絲；蔥切段。
3. 鍋中用 1 大匙油炒香蔥段、蝦米和香菇，待香氣透出時，放下肉絲再炒熟，放下白菜、大火續炒。
4. 淋下酒和醬油，炒一下後加入水，煮滾後以鹽調味，煮約 3 ～ 5 分鐘。
5. 麵條煮滾一次後撈出，放入湯中再煮 2 ～ 3 分鐘至喜愛的 Q 軟度。
6. 加入麻油和胡椒粉、盛入碗中。

Sinabawang pansit estilo sa bahay

• Mga sangkap

80 gramong hiniwang karne, 1 tbsp. hibi, 3 tuyong kabute, 150 gramong repolyo, 2 dahon ng sibuyas, 200 gramong pansit, 4 tasang tubig

• Panimpla

(1) 1 tsp. sarsa ng talaba, 1 tsp. harinang mais, 1 tbsp tubig
(2) 1 tbsp. alak, 1/2 tbsp. toyo, kaunting asin, paminta at sesame oil

• Paraan ng paglulto

1. Ibabad ang karne sa panimpla (1) ng 10 minuto.
2. Ibabad din ang hibi at kabute, tanggalin ang matigas na balat ng hibi. Hiwain ang kabute kapag malambot na, hiwain ang repolyo, hiwain ang dahon ng sibuyas ng 2 cm pahaba.
3. Magpainit ng 1tbsp. mantika sa kawali at igisa ang hibi at kabute, kapag mabango na ilagay ang karne gisahin muli at ilagay ang repolyo, haloin mabuti.
4. Lagyang alak at toyo at haloin panandalian. Dagdagan ng tubig, pakuloin lagyan ng asin ayon sa panlasa. Lutoin ng 3-5 minuto.
5. Magpakulo ng tubig at ilagay ang pansit. kapag kumulo ulit tanggalin na ang pansit at ilagay sa sabaw. Pakuloin ng 2-3 minuto.
6. Lagyan ng sesame oil at puti paminta. Ilagay ang pansit sa hawong at ihain.

Mie sup kuah

• Bahan

80 gram irisan daging babi, 1 sdm udang kering, 3 potong jamur kering, 150 gram sawi putih, 2 potong daun bawang, 200 gram yg agak tebal, 4 gelas air

• Bumbu

(1) 1 sdt oyster saos, 1 sdt tepung jagung, 1 sdm air
(2) 1 sdm arak, 1/2 sdm kecap asin, garam untuk rasa, mrica dan minyak wijen sedikit sedikt

• Cara memasaknya

1. Irisan daging babi di campurkan bumbu (1) di kasih bumbu kira kira 10 menit.
2. Udang kering dan jamur di rendam dalam air, udang kering di ambil bagian kepala. Jamurnya jika sdh lembek di potong memanjang. Sawi putih juga di potong memanjang. Daun bawang potong kecil kecil.
3. Wajan di kasih minyak kira kira 1 sdm goreng sampai wangi daun bawang dan udang kering, sampai harum tambahkan irisan daging babi juga sayur sawi di masak sampai dengan api besar.
4. Tambahkan arak dan kecap asin, dengan api besar, dan goreng goreng, jika sawi putih sdh lembek tambahkan air, sampai mendidih dan kasih garam untuk rasa, masak sampai 3-5 menit.
5. Masak mie sampai mendidih, dan angkt taruh di mangkok, dan masak lagi kira kira 2-3 menit.
6. Tambahkan minyak wijen dan mrica, dan siap di hidangkan.

干貝大白菜麵疙瘩

材料

干貝 2 粒、大白菜 150 公克、蛋 1 個、蔥花 1 大匙、麵粉 2/3 杯

調味料

醬油 2 茶匙、鹽適量

做法

1. 干貝放在碗中，加水、水要蓋過干貝約 1 公分，蒸 30 分鐘，涼後略撕散。
2. 麵疙瘩的做法：把麵粉放在大一點的盆中，水龍頭開到非常、非常小的流量，慢慢的滴入麵粉中，一面滴、一面用筷子攪動麵粉，將麵粉攪成小疙瘩。
3. 白菜切絲；蛋打散。
4. 鍋中用 1 大匙油炒香蔥花及干貝絲，放入白菜同炒，見白菜已軟，加入醬油，再炒香，加入水 3 杯（包括蒸干貝的汁），煮滾。
5. 加入麵疙瘩，邊下鍋邊攪拌，煮滾後改小火再煮一下，至麵疙瘩已全熟，加鹽調味，最後淋下蛋汁便可關火。

Sinabawang kabibe (scallop) na may harina flakes

• Mga sangkap

2 kabibe, 150 gramong chinese repolyo, 1 itlog, 1 tbsp. tinadtad na dahon ng sibuyas, 2/3 tasa ng harina

• Panimpla

2 tsp. toyo, asin para sa tamang panlasa

• Paraan ng pagluluto

1. Ilagay ang kabibe sa hawong, lagyan ng tubig ayon 1 cm ang taas sa kabibe, pasingawan ng 30 minuto. Kapag malamig na gutayin sa maliliit na piraso.
2. Paraan ng paggawa ng harina flakes: ilagay ang harina sa malaking hawong. Itapat sa gripo at buksan ng mahina, habang pumapatak haloin ang harina gamit ang chopstick hanggang maging maliliit na flakes.
3. Hiwain ang repolyo at maghalo ng itlog.
4. Magpainit ng 1 tbsp. ng mantika at igisa ang dahon ng sibuyas at kabibe. Ilagay ang repolyo, kapag malambot na lagyan ng toyo at 3 tasang tubig (pati na ang sabaw ng kabibe), pakuloin ang sabaw.
5. Ilagay ang harina flakes, haloin ang sabaw habang inilalagay ang sabaw, pakuloin, lutoin sa mahinang apoy ng 2-3 minuto, kapag luto na ang flakes lagyan ng asin ayon sa tamang panlasa, at sa huli ilagay ang itlog. Isara ang apoy, at ihain.

Kanpe masak dgn sayur sawi mien ketak

• Bahan

2 biji kanpe kering, 150 gram sayur sawi putih, 1 biji telor, 1 sdm irisan daun bawang, 2/3 gelas tepung terigu

• Bumbu

2 sdt kecap asin, garam untuk menambah rasa

• Cara memasaknya

1. Kanpe taruh di atasnya mangkok, tambahkan air, air harus menutupi kanpenya kira kira 1 cm, kukus 30 menit. Jika sdh dingin di suwir suwir dgn tangan.
2. Cara membuat mien kenta: taruh tepung di dalam mangkok yg besar, tambah air dari kran sedikit air, pelan pelan di aduk rata, pakai copsik aduk memuter, sampai tepung berubah iketak iketak.
3. Sayur sawi di potong se, atau memanjang. Telor di kocok.
4. Wajan kasih minyak 1 sdm, untuk mengoreng daun bawang dan kanpe, kemudian taruh sayur sawi, bersamaan di goreng, sampai sayur sawi empuk tambah kecap asin dan 3 gelas air (air yg bekas kukus kanpe), masak sampai mendidih.
5. Tambahkan mienketa, satu aduk satu naruh, jika sdh mendidih pindahkan ke api kecil, sampai mienketa mateng, tambahkan garam untuk rasa. Terakhir tambahkan telor yg sdh di kocok tadi.

三鮮米粉

材料

蝦仁 100 公克、蟹腿肉 80 公克、魚肉 150 公克 (切片)、新鮮香菇 3 朵、小白菜 150 公克、米粉 200 公克、蔥 2 支 (切段)、清湯 6 杯

調味料

（1）鹽 1/6 茶匙、太白粉 1 茶匙

（2）酒 1/2 大匙、醬油 2 茶匙、鹽適量、白胡椒粉少許、麻油 1/2 茶匙

做法

1. 蝦仁、蟹腿肉及魚片用水沖淨，擦乾水分，加少許鹽及太白粉拌醃 20 分鐘。
2. 香菇切小片，小白菜切短。米粉泡水 5 分鐘，剪短一點。
3. 以 2 大匙油爆香蔥段，淋下酒，注入清湯、米粉和香菇，煮 2 ～ 3 分鐘。
4. 放下三鮮料及切段之小白菜，待湯再滾時，撇去表面之浮沫，加醬油、鹽和胡椒粉調味，滴下麻油即可。

Pansit na may pagkaing dagat

• Mga sangkap

100 gramo hipon, 80 gramo hita ng alimango, 150 gramo lamang ng isda, 3 sariwang itim na kabute, 150 gramo berdeng gulay, 200 gramo pansit, 2 dahon ng sibuyas (hiwain ng 3 cm pahaba), 6 tasang tubig o sabaw ng manok

• Panimpla

(1) 1/4 tsp. asin, 1 tsp. harinang mais
(2) 1/2 tbsp. alak, 2 tsp. toyo, asin para sa tamang panlasa, puti paminta, 1/2 tsp. sesame oil

• Paraan ng pagluluto

1. Hugasan ang hipon, hita ng alimango, at laman ng isda, patuyoin, ibabad sa panimpla (1) ng 20 minuto.
2. Hiwain ang kabute, berdeng gulay ng 4cm pahaba. Ibabad ang pansit ng 5 minuto, putolin ng maiksi.
3. Mgpainit ng 2 tbsp. mantika para igisa ang dahon ng sibuyas, buhusan ng alak at sabaw, ilagay ang pansit at kabute, lutoin ng 4-5 minuto.
4. Ilagay ang pagkaing dagat at berdeng gulay, kapag kumulo na ang sabaw, lagyan ng toyo, asin, at paminta, lagyan ng sesame sa oil.

Makanan laut di masak dgn mifen

• Bahan

100 gram udang, 80 gram daging kepiting, 150 gram daging ikan (di potong potong), 3 biji jamur segar, 150 gram sayur hijau, 200 gram mifen, 2 potong irisan daun bawang, 6 gelas sup kuah

• Bumbu

(1) 1/4 sdt garam, 1 sdt tepung jagung
(2) 1/2 sdm arak, 2 sdt kecap asin, garam untuk rasa, mrica bubuk buat penambah rasa, 1/2 sdt minyak wijen

• Cara memasaknya

1. Udang, daging kepiting, dan daging ikan, di cuci sebentar dgn air, dan di keringkan, dan tambahkan bumbu (1) campurkan dan diamkan 20 menit.
2. Jamur di potong memanjang serong. Sayur di potong pendek pendek. Mifen di rendam kira kira 5 menit dan angkat lalu di potong jgn terlalu panjang.
3. Wajan di kasih minyak kira kira 2 sdm, untuk menggoreng daun bawang, tambahkan arak dan masukkan sup kua, kemudian masukkan mifen dan jamur segar, masak 4-5 menit.
4. Kemudian taruh makanan laut, dan sayur hijau, tunggu sup kuahnya mendidih, tambahkan asin dan garam dan mrica bubuk untuk menambah rasa, terakhit tambahkan minyak wijen.

(鹹) 鮭魚味噌湯

材料

鮭魚（約 200 公克）、嫩豆腐 1 塊、海帶芽適量、蔥花 3 大匙

調味料

柴魚片 1 小包、味噌 3 大匙

做法

1. 鮭魚洗淨切塊。豆腐也切成丁。
2. 在湯鍋內燒滾 6 杯水，放下柴魚片後將火關熄，焗 5 分鐘，撈棄柴魚片。
3. 放下鮭魚塊和豆腐，用小火煮約 6 ～ 7 分鐘。
4. 將味噌放在小篩網中，再落入湯內，用湯匙磨壓味噌，使其溶解到湯內，嘗過鹹度，如不夠鹹可酌加少許鹽。
5. 放下海帶芽，再煮至沸滾即立即熄火，撒下蔥粒。

TIPS

如果有鮭魚頭或骨，可以先煮 20 分鐘，煮成鮭魚高湯來用，味道更鮮美。

Sinabawang miso na may salmon

• Mga sangkap

200 gramo salmon, 1 pakete tokwa, halamang dagat kunti, 3 tbsp. tinadtad na dahon ng sibuyas

• Panimpla

1 pakete bonito, 3 tbsp. miso

• Paraan ng pagluluto

1. Hugasan ang salmon, at hiwain ng pira piraso, hiwain ang tokwa ngmaliit at pira piraso. Ibabad ang halamang dagat ng 5 minuto at hugasan ng mabuti.
2. Magpakulo ng 6 tasa tubig sa kaserola, ilagay ang bonito,isara ang apoy at ibabad ng 5 minuto, tanggalin at salain.
3. Ilagay ang salmon at tokwa, lutoin ng 6-7 minuto.
4. Ilagay ang miso sa salaan, dikdikin gamit ang kutsarita para matunaw at ilagay sa sabaw, tikman at lagyan ng asin kung kailangan.
5. Ilagay ang halamang dagat, pakuloin,isara ang apoy at lagyan ng tinadtad na dahon ng sibuyas.

TIPS

Kung meron buto ng salmon o ulo pakuloan muna ng 20 minuto para maging sabaw.

Salmon miso sup

• Bahan

200 gram ikan salmon, 1 potong tofu kekal, rumput laut yg kering, 3 sdm irisan daun bawang

• Bumbu

cae yi satu bungkus, 3 sdm miso

• Cara memasaknya

1. Ikan salmon di cuci bersih dan di potong kecil kecil, tofu juga di potong kecik kecil. Rumput laut di rendam, dan di cuci bersih, lalu di tiriskan.
2. Wajan di kasih air di masak dgn 6 gelas air, taruh cai yi pien, dan matikan api tutup dan diamkan selama 5 menit, dan cae yi angkt.
3. Tambahkan salmon ikan dan tofu, masak dgn api sedang 6-7 menit.
4. Miso di taruh di mangkok dan di saring, langsung di atasnya sup, pakai sendok yg buat ngaduk sup biar gampang tercampur. Dan cicipi rasanya, jika kurang rasa bisa di tambahkan garam sedikit.
5. Tambahkan rumput laut dan masak, kemudian di masak sampai mendidih dan matikan apinya, tambahkan irisan daun bawang.

TIPS

Ika ada tulang ikan, bisa di masak dulu kira kira 20 menit, jadi supnya tambah enak rasanya.

(鹹) 海苔蛋花湯

材料

蛋 2 個、海苔 1 大張、蝦皮 1 大匙、蔥花 1 茶匙

調味料

鹽 1/2 茶匙、醬油 1 茶匙、麻油 1/2 茶匙

做法

1. 蛋仔細打散、不要打至起泡。
2. 蝦皮放在乾淨沒有油的鍋中，以小火炒香一下，沖下 4 杯水。
3. 海苔撕成小一點的片，放入湯碗中，再加上調味料和蔥花。
4. 鍋中水煮滾後，改成小火，將蛋汁細細倒入水中，一邊倒、手一邊轉一圈，過 5 秒鐘後，用湯杓輕輕推動一下湯汁，待蛋花飄起，全部倒入湯碗中。

Sinabawang halamang dagat na may itlog

• Mga sangkap

2 pirasong itlog, 1 malaking piraso ng halamang dagat, 1 tbsp. hibi, 1 tbsp. tinadtad na dahon ng sibuyas

• Panimpla

1/2 tsp. asin, 1 tsp. toyo, 1/2 tsp. sesame oil

• Paraan ng pagluluto

1. Maghalo ng itlog pero huwag pabulain.
2. Ilagay ang hibi sa kawaling walang mantika, haloin ng dahan dahan, kapag mabango na lagyan ng 4 tasang tubig.
3. Pira pirasohin ang halamang dagat, ilagay sa hawong na pansabaw, lagyan ng panimpla at tinadtad na dahon ng sibuyas.
4. Pahinaan ang apoy kapag kumulo na ang tubig, ilagay ang itlog sa tubig, at dahan dahan ilagay ang itlog sa sabaw, makalipas 5 segundo haloin ang sabaw gamit ang siyanse para lumutang ang itlog, ilagay ang sabaw sa malaking hawong.

Sup rumput laut di masak dengan telor

• Bahan

2 telor, 1 lembar rumput laut, 1 sdm udang yg kecil kecil, 1 sdt irisan daun bawang

• Bumbu

1/2 sdt garam, 1 sdt kecap asin, 1/2 sdt minyak wijen

• Cara memasaknya

1. Telor pelan pelan di kocok, jangan sampai mengeluarkan busa.
2. Udang kecil di goreng, tapi jgn di kasih minyak sampai wangi, tambahkan 4 gelas air.
3. Rumput laut di potong kecil kecil, dan taruh di dalam mangkok, tambahkan bumbu dan irisan daun bawang.
4. Wajan di kasih sup kuah jika sdh mendidih, pindahkan ke api yg kecil, dan telornya pelan pelan di taruh di dalam supnya, dan tunggu 5 detik baru di aduk. Jika telor sdh naik angkt, taruh di dalam mangkok.

㊀ 川丸子湯

材料

絞肉 250 公克、細蔥花 1 大匙、番茄 1 個、菠菜 150 公克、蔥 1 支、水 5 ～ 6 杯

調味料

（1）鹽 1/4 茶匙、醬油 1/2 大匙、水 3 大匙、蛋白 1 大匙、太白粉 1 茶匙、麻油數滴、白胡椒粉少許

（2）醬油 1 茶匙、鹽、胡椒粉、麻油各適量調味

做法

1. 絞肉再剁一下，放大碗中，依序加入調味料（1），攪拌至有黏性，再拌入蔥花，拌勻。
2. 番茄切塊；菠菜切段；另一支蔥也切段。
3. 鍋中用 1 ～ 2 大匙的油爆香蔥段，再放下番茄塊炒一下，淋下醬油，加入水 5 杯煮滾。
4. 改成小火，將絞肉擠成丸子放入水中，以中小火煮至肉丸浮起，煮約 3 分鐘。
5. 加入菠菜段，一滾即關火，加入鹽、胡椒和麻油調味即可。

Sinabawang karne bola bola

• Mga sangkap

250 gramong giniling na karne baboy, 1 tbsp. tinadtad na dahon ng sibuyas, 1 kamatis, 150 gramong spinach, 1 dahon ng sibuyas, 5-6 tasa ng tubig

• Panimpla

(1) 1/4 tsp. asin, 1/2 tbsp. toyo, 3 tbsp. tubig, 1 tbsp. puti ng itlog, 1 tsp. harinang mais, kaunting sesame oil at puting paminta

(2) 1 tsp. toyo, asin, paminta at sesame oil ayon sa panlasa

• Paraan ng pagluluto

1. Bahagyang tadtarin ang giniling at ilagay sa malaking hawong, ihalo ang panimpla (1), haloin ng mabuti hanggang sa lumapot, ilagay ang tinadtad na dahon ng sibuyas, haloin mabuti.
2. Gayatin ang kamatis ng pira piraso, hiwain ang spinach at dahon ng sibuyas.
3. Magpainit ng 1-2 tbsp mantika at igisa ang dahon ng sibuyas kapag mabango na ilagay ang kamatis, bahagyang igisa, lagyan ng toyo at tubig, pakuloin hanggang maluto.
4. Pahinaan ang apoy. Gawin bola bola ang giniling at ilagay sa sabaw. Pakuloin ng 3 minuto sa katamtamang apoy hanggang ang bola bola ay lumutang.
5. Ilagay ang spinach, kapag kumulo na isara ang apoy, lagyan ng asin, paminta at sesame oil ayon sa tamang panlasa.

Bola bola daging babi sup

• Bahan

250 gram daging cincang, 1 sdm irisan daun bawang, 1 buah tomat, 150 gram pocai, 1 daung bawang, 5-6 gelas air

• Bumbu

(1) 1/4 sdt garam, 1/2 sdm kecap asin, 3 sdm air, 1 sdm putih telor, 1 sdt tepung jagung, sedikit minyak wijen, dan sedikit mrica bubuk

(2) 1 sdt kecap asin, garam, mrica bubuk, minyak wijen semuanya sedikit

• Cara memasaknya

1. Daging cincang harus di cop, sebentar, kemudian taruh di mangkok, kemudian tambah bumbu (1) sampai merata, sampai lembut, kemudian tarug daun bawang sampai merata.
2. Tomat di potong kecil kecil, pocai di potong kira kira 3 cm, daung bawang juga di potong kecil kecil. Pakai 1-2 sdm minyak sayur, untuk mengoreng tomat, taruh kecap asin dan 5 gelas air, masak sampai mendidih.
3. Kemudian bikin api kecil, taruh daging cincang kedalam mangkok, kemudian apinya bikin pertengahan, sampai daging cincang sampai masak dan sampai mengambang, kira2 -3 menit. Kemudian taruh pocai, sampai mendidih dan matikan api. Kemudian taruh garam, mrica bubuk dan minyak wijen, jika rasanya cukup.

甜 紅棗銀耳薏仁湯

材料

紅棗 15 顆、乾白木耳 3 錢、薏仁 2 兩、枸杞子 2 大匙

調味料

二砂適量調味

做法

1. 紅棗沖洗一下。
2. 乾木耳泡至漲開，約 2～3 小時，用水多沖洗幾次，聞起來沒有異味，剪除黃色蒂頭部分，加入 2 倍的水，放入電鍋中，加紅棗一起蒸 50 分鐘，跳起來再燜約 20 分鐘，至木耳夠軟滑。
3. 薏仁洗過後，加入約 2 倍的水量，外鍋放 1/2 杯水，煮成薏仁飯。
4. 白木耳中加入枸杞子、二砂和薏仁飯，攪拌均勻即可。

TIPS

如果要保有紅棗的味道，可以在白木耳蒸過 30 分鐘後再放入。

Sinabawang tuyong white fungus at red dates

• Mga sangkap

15 piraso red dates, 4 gramo tuyong white fungus, 80 gramong barley, 2 tbsp. wolfberry

• Panimpla

pulang asukal para sa panlasa

• Paraan ng pagluluto

1. Hugasan ang red dates.
2. Ibabad ang white fungus ng 2-3 oras para lumambot at hugasan ng maraming beses, tanggalin ang dilaw na parte ng fungus. Ilagay sa malaking hawong na may tubig, tiyakin na mas marami ang tubig, ilagay ang red dates at pasingawan sa rice cooker ng 50 minuto, kapag wala ng tubig, hayaang nkatakip ng 20 minuto hanggang lumambot ng husto ang fungus.
3. Hugasan ang barley, pagkalagay sa hawong lagyan ng tubig na mas lamang sa barley, pasingawan hanggang sa lumambot.
4. Ilagay ang wolfberry, asukal at barley sa white fungus at haloin mabuti.

Hongcao, dengan jamur putih dan iren, sup manis

• Bahan

15 biji hongcao, 12 gram jamur putih kering, 80 gram iren, 2 sdm kocice

• Bumbu

gula pasir untuk nambah rasa

• Cara memasaknya

1. Hongcau di cuci bersih, lalu di tiriskan.
2. Jamur putih di rendam kira kira 2-3 jam, sampai mekar dan di cuci bersih, bilas berkali kali, dan yg kuning bagian di buang. Taruh di tempat pengukusan, tambahkan 2 kali lipat air, dan tambahkan hongcao, taruh di tienko bersama di kukus kira kira 50 menit, dan jika sdh ok, di diamkan selama 20 menit, jangan di buka.
3. Iren di cuci bersih, dan tambahkan juga dua kali lipat air, tienko di luarnya harus di kasih air 1/2 gelas air, jadi kaya masak nasi bentuknya.
4. Jamur putih di dalamnya tambah, kocice gula dan iren yg sdh di masak dan di campurkan bersama, dan aduk rata.

TIPS

Jika suka hongcau rasanya agak kental sedikit bisa di masak jamur putihnya agak lembek dan tambahkan hongcao 30 menit di kukus lagi.

㊣甜 銀耳百合蓮子湯

材料

新鮮白木耳 1 盒、新鮮百合 1 朵、新鮮蓮子 300 公克、紅棗 20 顆

調味料

冰糖 1 大匙、二砂 1 大匙

做法

1. 紅棗洗淨，泡 1 小時，放入鍋中，加水 5 杯，煮 20 分鐘。
2. 白木耳沖洗一下，分成小朵，加入紅棗中、繼續煮約 30 ～ 40 分鐘，至白木耳已軟化。
3. 蓮子沖一下，百合沖去木屑，一瓣一瓣分開、用小刀削除褐色部分。
4. 加入蓮子煮 10 分鐘，加入糖和百合厚的部分、煮 1 分鐘後，再加入其他的百合，一滾即可關火。冷吃熱吃均宜。

Sinabawang sariwang fungus, buto ng lutos at bunga ng lily

• Mga sangkap

1 paketeng sariwa white fungus, 1 bunga ng lily, 300 gramong buto ng lutos, 20 red dates

• Panimpla

1 tbsp. buong asukal, 1 tbsp. pulang asukal

• Paraan ng pagluluto

1. Hugasan ang red dates at ibabad ng 1 oras, ilagay sa kaserola at lagyan ng 5 tasang tubig, lutoin ng 20 minuto.
2. Hugasan ang fungus, hiwahiwalayin ng maliliit o gutayin, ilagay din sa kaserola at lutoin ng 30-40 minuto hanggang ang fungus ay lumambot.
3. Hugasan ang buto ng lutos, bunga ng lily hugasan din bawat piraso, gumamit ng kutsilyo para tanggalin ang bahaging di na maganda.
4. Ilagay ang lutos at lutoin ng 10-12 minuto, lagyan ng asukal at ang bunga ng lily na parting makapal, lutoin ng 1 minuto at ilagay na din ang natitirang lily, isara ang apoy kapag kumulong muli. Puwede ng kainin mainit man o malamig.

Jamur putih seger bersama paehe dan lience di masak sup manis

• Bahan

1 bandel jamur putih segar, 1 bunderan paehe 300 gram lien segar, 20 biji hongcao

• Bumbu

1 sdm gula batu, 1 sdm gula pasir

• Cara memasaknya

1. Hongcao di cuci bersih kira kira 1 jam di rendam. Taruh di panci kasih air 5 gelas di masak 20 menit.
2. Jamur putih di cuci sebentar dgn air, lalu di suwir suwir pakai tgn, taruh bersamaan dgn hongcau masak kira kira 30-40 menit, sampai jamur putih jadi lembek.
3. Lien di cuci bersih dgn air. Kemudian paehe di buka satu persatu, dan yg bagian agak kecoklatan di iris dan di buang.
4. Lience taruh di panci bersamaan dgn muer dan hongcao masak bareng, dan tambahkan gula batu, gula pasair dan bagian paehe yg agak keras di taruh mask 2 menit, jika sdh agak matang baru yg bagian paehe tipis di campurkan, dan jika sdh mendidih, matikan api. Jika mau panas atau dingin juga enak.

ⓢ甜 椰汁核桃露

材料

烤熟核桃 300 公克、紅棗 20 顆、椰漿 1 杯

調味料

冰糖 1 大匙、二砂 1 大匙、太白粉水適量

做法

1. 紅棗加水 4 杯，煮或蒸 40 分鐘。
2. 核桃加 1 杯水打成泥狀，倒入紅棗鍋中，加糖調味。
3. 將核桃糊煮滾，再倒下椰漿，再煮滾後加入太白粉水勾芡，攪拌均勻即可。

Inuming walnut na may gata

• Mga sangkap
300 gramong hinurnong walnuts, 20 pirasong red dates, 1 tasang gata ng niyog

• Panimpla
1 tbsp. asukal buo, 1 tbsp. pulang asukal, harinang mais na panlapot

• Paraan ng pagluluto
1. Lagyan ng 4 tasang tubig ang red dates, pakuloan o pasingawan ng 40 minuto.
2. Lagyan ng 1 tasang tubig ang walnut, gilingin gamit ang blender para maging malapot, ilagay sa pinakulong red dates, lagyan ng asukal.
3. Pakuloan ang walnut, lagyan ng gata, pakuloin at lagyan ng harinang mais para lumapot, haloin mabuti.

Coconut milk di masak dgn walnut, sup manis

• Bahan
300 gram walnut yg sdh di panggang, 20 biji hongcao, 1 gelas coconut milk

• Bumbu
1 sdm gula batu, 1 sdm gula pasir, air tepung jagung, buat mengentalkan

• Cara memasaknya
1. Hongcao tambahkan 4 gelas air, masak di atas kompor atau di masak dgn tienko masak 40 menit.
2. Walnut tambahkan 1 gelas air, lalu pakai blender, di blender sampai lembut, dan campurkan dgn hongcao, dan tambahkan gula untuk menambah rasa manis.
3. Dan masak sampai mendidih, kemudian tambahkan coconut milk, lalu kasih air tepung jagung buat mengentalkan, aduk rata.

(甜) 蓮藕雪梨糖水

材料

梨 2 顆、蓮藕 200 公克、龐大海 12 公克、枸杞子 2 大匙

調味料

冰糖 2 大匙

做法

1. 梨洗淨、削皮，去籽切成塊。
2. 蓮藕洗淨，削皮，切成片。
3. 龐大海和枸杞子沖洗一下。
4. 所有材料放碗中，加水 3 杯，入電鍋蒸 1 個半小時。
5. 加入冰糖再蒸至冰糖融化即可。

Matamis na ugat ng lutos na may peras

• Mga sangkap

2 peras, 200 gramo ugat ng lutos, 12 gramo ng pangda hai (Chinese herbal medicine), 2 tbsp. wolfberry

• Panimpla

2 tbsp. buo asukal

• Paraan ng pagluluto

1. Hugasan at balatan ang peras tanggalin ang buto at hiwain ng pira piraso.
2. Hugasan ang lutos, balatan at hiwain.
3. Hugasan ang pangda hai at wolfberry.
4. Ilagay sa hawong ang lahat ng sangkap lagyan ng tubig at pasingawan ng 1½ oras.
5. Lagyan ng asukal, at pasingawan hanggang ito ay matunaw.

Lien ho, dan buah pir bikin sup manis

• Bahan

2 biji buah pir, 200 gram lien ho, 12 gram pangda hai (di tempat toko obat China), 2 sdm kocice

• Bumbu

2 sdm gula batu

• Cara memasaknya

1. buah pir di cuci bersih dan kulitnya di kupas, dan buah biji, dan potong jadi potong segi empat kecil kecil.
2. Lienho di cuci bersih dan kulitnya di buang dan di potong memanjang.
3. Pangda hai, dan kocice di cuci bersih dgn air.
4. Semua bahan di taruh di dalam mangkok, dan tambahkan 3 gelas air, dan taruh di tien ko kukus 1 jam 30 menit.
5. Dan tambahkan gula batu, sampai gula batu hancur semua.

⒢甜 酒釀窩蛋糖水

材料

甜酒釀 1 杯、蛋 2 個、桂花醬 1/2 茶匙

調味料

糖適量

做法

1. 鍋中煮滾 4 杯水，改中小火，用大湯勺轉動水成漩渦狀，將 1 個蛋打入水中，蓋上鍋蓋，煮 1 分鐘至 1 分半鐘。取出放在碗中，再煮第 2 個蛋。
2. 將鍋中蛋白浮沫撇除，放入甜酒釀，依個人口味加糖，再放入桂花醬攪散。
3. 將甜酒釀盛入碗中即可。

Matamis na binurong kanin na may itlog

• Mga sangkap

1 tasang matamis na binurong kanin, 2 itlog, 1/2 tsp. guihua jam

• Panimpla

asukal para sa panlasa

• Paraan ng pagluluto

1. Magpakulo sa katamtamang apoy ng 4 na tasa tubig sa kaserola, haloin ang tubig na parang ipo ipo, magbasag ng 1 itlog sa gitna ng tubig, takpan. Lutoin ng 1-1½ minuto, tanggalin ang itlog at ilagay sa hawong. Magbasag muli ng 1 pa itlog sa parehas na paraan.
2. Tanggalin ang mga puti ng itlog na lumutang, ilagay ang binurong kanin sa sabaw. Puwede lagyan ng asukal depende sa panlasa ng bawat isa. At sa huli ilagay ang guihua jam.
3. Ilagay ang binurong kanin sa itlog.

TIPS

Puwede din maglagay at lutoin sa sabaw ang matamis na glutinous rice ball.

Joniang dan telor buat manisan sup

• Bahan

1 gelas joniang, 2 biji telor, 1/2 sdt guihua jem

• Bumbu

gula untuk menambah rasa

• Cara memasaknya

1. Panci di kasih air 4 gelas, dan masak sampai, jika sdh mendidih apinya di kecilkan, pakai sendok yg besar di aduk memutar, lalu telor di taruh di bagian tengah dan aduk perlahan, dan tutupmasak 1 menit atau 1½ menit. Dan telor angkat taruh di dalam mangkok, dan masak yg ke dua kalinya telor, dan caranya sama, sama yg pertama.
2. Di dalam panci, ada sisaan bekas masak telor, jika ada busa yg putih putih di buang saja, jadi supnyabersih, dan joniang masaukkan ke dalam panci, kemudian tambahkan gula, dan setiap orang tidak semua, ada yg suka manis atau tidak, dan tambahkan guihua jem.
3. Dan joniang taruh di mangkok.

飲 黑木耳降脂露（1 週份）

材料

台灣白背黑面木耳 150 公克、老薑 21 片、紅棗 30 粒，枸杞子 40 公克

做法

1. 木耳泡 1 夜至漲開，洗淨。
2. 將木耳、老薑、紅棗和枸杞子放入快鍋中，加水蓋過材料，煮 35 分鐘。
3. 待涼後，將所有材料分成 7 包 (紅棗要去核)，冷凍保存。
4. 最好每天早上空腹時拿一包，加水打成汁來喝。

TIPS

這是一個降血脂、通血路的一個方子，應該是 4 週為一療程，一年喝 2 次。

Inuming itim na fungus na may luya (inumin sa loob ng isang linggo)

• **Mga sangkap**

150 gramo Taiwan itim na fungus, 21 ginayat na luya, 30 red dates, 40 gramo wolfberry

• **Paraan ng pagluluto**

1. Ibabad ang fungus ng magdamag, hugasan mabuti.
2. Ilagay lahat ng sangkap sa pressure cooker, lagyan ng tubig, pakuloin ng 30 minuto.
3. Tanggalin ang buto ng red dates. Kapag malamig na hatiin at ilagay sa 7 plastik at itabi sa palamigan o freezer.
4. Tuwing iinumin, gilingin gamit ang blender ng may tubig. Mas mabisa inumin sa umaga kapag wala pa kinakain.

TIPS

Ipagpatuloy inumin ng 4 na lingo, at 2 beses sa 1 taon. Para sa mga mataas ang triglyceride nakakababa ito at magiging maayos ang daloy ng dugo.

Jamur kuping, untuk menperlancar meredaran darah (untuk satu minggu)

• **Bahan**

150 gram taiwan jamur kuping yg dua warna, 21 potong irisan jahe yg tua, 30 biji hongcao, 40 gram kocice

• **Cara memasaknya**

1. Jamur kuping di rendam semalaman, biar mekar, dan cuci bersih.
2. Jamur kuping, jahe, hongcao, kocice, campur jadi di dalam panci, tambahkan sampai menutupi semua bahan, masak 30 menit.
3. Tunggu sampai dingin dan di bagi menjadi 7 bagian (hongcao bagian biji di buang). Jika sdh di bagi tujuh bagian taruh di kulkas bagian atas.
4. Setiap pagi perut kosong, ambil satu bungkus ditambahkan air kira kira, tapi jgn terlalu banyak, pokoknya kaya jus, ya jgn terlalu kental.

TIPS

Untuk peredaran darah dan untuk biar jgn terlalu banyak minyak. Sebaik rutin meminum 4 minggu, lebih baik. 1 tahun sebaiknya 2 kali.

㊐飲 黃耆補氣茶

材料

紅棗 10 顆、黃耆 3 錢、蔘鬚 1 錢、枸杞子 1 大匙

做法

1. 紅棗用清水洗淨，用小刀劃 1 ～ 2 刀口，黃耆和蔘鬚也用水沖一下。
2. 三種材料加水 3 杯，煮或蒸 20 分鐘。
3. 關火，加入枸杞子、燜 5 分鐘即可放入保溫杯中，慢慢飲用。

TIPS

如有便祕問題的長者，可以酌量加入蜂蜜飲用。

Huang qi herbal tea

• Mga sangkap

10 red dates, 12 gramo ng huang qi, 4 gramo ugat ng ginseng, 1 tbsp. wolfberry

• Paraan ng pagluluto

1. Hugasan ang red dates, hiwaan para madaling lumasa. Hugasan din ang huang qi at ginseng.
2. Lagyan ng 3 tasang tubig at pasingawan o pakuloan ng 20 minuto.
3. Isara ang apoy at ilagay ang wolfberry, hayaang nakatakip ng 5 minuto. Ilagay sa lagayang hindi agad lumalamig. Inumin habang maligamgam.

TIPS

Mabuting inumin ng may kabag basta lagyan ng honey.

Huang qi herbel teh

• Bahan

10 biji hongcao, 12 gram huang qi, 4 gram potongan gingseng, 1sdm kocice

• Cara memasaknya

1. Hongcao cuci bersih dgn air, lalu di belah sedikit dgn pisau, supaya rasa cepet keluar. Huang qi dan gingseng, di cuci bersih.
2. 3 macam bahan tadi di masak dgn air, kira kira 3 gelas, di masak atau di kukus 20 menit.
3. Dan apinya di matikan, kemudian tambahkan kocice, diam kira kira 5 menit. Dan taruh di tempat gelas yg bisa untuk menyimpan panas.

TIPS

Jika ada masalah buang air besar untuk orang tua, bisa di tambahkan madu.

中菲印・對照

銀髮族餐點

作　　者　程安琪
編　　輯　黃勻薔
校　　對　程安琪、黃勻薔
美術設計　劉錦堂

發 行 人　程安琪
總 策 畫　程顯灝
總 編 輯　呂增娣
主　　編　徐詩淵
編　　輯　鍾宜芳、吳雅芳
　　　　　黃勻薔
美術主編　劉錦堂
美術編輯　吳靖玟、劉庭安
行銷總監　呂增慧
資深行銷　吳孟蓉
行銷企劃　羅詠馨

發 行 部　侯莉莉
財 務 部　許麗娟、陳美齡
印　　務　許丁財
出 版 者　橘子文化事業有限公司

總 代 理　三友圖書有限公司
地　　址　106台北市安和路2段213號4樓
電　　話　(02) 2377-4155
傳　　真　(02) 2377-4355
E-mail　service@sanyau.com.tw
郵政劃撥　05844889 三友圖書有限公司

總 經 銷　大和書報圖書股份有限公司
地　　址　新北市新莊區五工五路2號
電　　話　(02) 8990-2588
傳　　真　(02) 2299-7900

製版印刷　鴻嘉彩藝印刷股份有限公司

初　　版　2019年 10月
定　　價　新台幣 300元
I S B N　978-986-364-150-6（平裝）

國家圖書館出版品預行編目 (CIP) 資料

外傭學做銀髮族餐點 / 程安琪著 . -- 初版 . --
臺北市 : 橘子文化 , 2019.10
　面；　公分
中菲印尼文對照
ISBN 978-986-364-150-6(平裝)

1. 食譜 2. 中國
427.11　　　108014567